中国落实 2030 年可持续发展议程目标十一系列丛书

中国可持续发展研究会人居环境专业委员会 策划

基于景观媒介的

交互式乡村规划方法及其

实证研究

张饶彤 ◎ 著

U0176844

中国城市出版社

图书在版编目（CIP）数据

基于景观媒介的交互式乡村规划方法及其实证研究 /
张晓彤著 . —北京：中国建筑工业出版社，2021.9
（中国落实 2030 年可持续发展议程目标 11 系列丛书）
ISBN 978-7-112-3400-2

Ⅰ.①基…　Ⅱ.①张…　Ⅲ.①乡村规划—景观设计—
研究—中国　Ⅳ.①TU986.2

中国版本图书馆 CIP 数据核字（2021）第 193276 号

责任编辑：宋　凯　张智芊
责任校对：张惠雯

中国落实 2030 年可持续发展议程目标 11 系列丛书
中国可持续发展研究会人居环境专业委员会　策划
基于景观媒介的交互式乡村规划方法及其实证研究
张晓彤　著

*

中国城市出版社出版、发行（北京海淀三里河路 9 号）
各地新华书店、建筑书店经销
逸品书装设计制版
北京建筑工业印刷厂印刷

*

开本：787 毫米×1092 毫米　1/16　印张：19¼　字数：286 千字
2021 年 9 月第一版　　2021 年 9 月第一次印刷
定价：**69.00** 元
ISBN 978-7-5074-3400-2
（904373）

序　一

推动社会可持续发展已经成为当代人类全球治理的基本共识和优先选项，快速城镇化对社会和环境的挑战，使得城镇和住区成为破解可持续发展瓶颈的重要领域。2015年9月，联合国可持续发展峰会发布了2030年可持续发展议程并通过了17项可持续发展目标和169个子目标。其中，可持续发展目标11，即"建设包容、安全、有抵御风险能力和可持续的城市与人类住区"，对城镇和住区可持续发展的内涵，提出了明确的界定和要求。城镇和住区是落实可持续发展理念、应对全球挑战的前沿阵地。从不同尺度，建立健全数据采集体系和分析手段，在城镇和住区开展不同行业先进技术综合示范，提升地方包容、参与和韧性治理能力，对实现目标11具有重要的作用。

我国是全球人口众多、城镇化进程较快的国家之一，也是全球可持续发展事业的积极倡导者和践行者。改革开放以来，在城镇和住区建设方面取得了巨大的成就：人均住房面积大幅提高；城镇和住区规划更加合理；室内外居住环境更加宜居，更加与自然和谐；基础设施和公共服务设施更加完善。在长期城镇和住区建设研究与实践中，我和我的同行们亲身参与并见证了我国城乡建设不断发展和品质提升的过程。我们既经历了诸多的困难和挑战，也积累了不少成功的经验，很有必要适时开展相关研究、进行总结、凝练和反思。

中国可持续发展研究会人居环境专业委员会的年轻同行们准备围绕落实联合国2030年可持续发展目标11，对相关政策制定、技术应用、工程实践和能力建设开展研究和梳理，计划把成果汇集成《中国落实2030年可持续发展议程目标11系列丛书》，从住房保障、规划管理、遗产保护、环境改善、公共空间等方面为我国城镇和住区建设提供技术支撑，具有学术价值和实践意义。

对此举我很欣慰。我相信丛书的编撰和陆续出版必将有益于城乡建设可持续发展经验的传播和推广，必将对城镇和住区的决策者、管理者、建设者以及城乡居民有所裨益，必将对全球可持续发展做出自己的贡献。

2021 年 7 月

序 二

乡村规划是国土空间规划在小尺度落地实施的重要环节，对乡村振兴、实现乡村地区的可持续发展具有重要的意义。相较于更大尺度的国土空间规划，乡村规划所需的知识信息更为具体、来源更加多元。除了遥感等现代信息技术外，不同利益诉求、不同知识背景的规划参与群体也是规划数据信息的重要提供者，如何及时、准确地获取这些信息并实时运用到乡村规划过程中去，是一个亟待探索的题目。

总体来说，以遥感和地理信息系统为代表的时空数据技术已广泛应用于我国区域和城市尺度的国土空间规划数据分析和处理中，取得了良好的实用效果。但在乡镇之类的小尺度空间规划中，如何有效地使用各类时空数据技术手段，去提升参与者的交互能力，尚未得到很好的解决。

张晓彤研究员站在"景观是表征地方可持续发展关键表征要素"的视角，首先从理论的角度分析了"景观"作为交互媒介的理性规划范式发展需求，将时空数据的应用作为基础技术手段，提出了以景观作为媒介的交互式乡村规划方法和技术体系，并在多个实践中得到了实证应用。这项研究提出了基于景观媒介的交互式乡村规划方法，对时空大数据相关技术应用环境微观化，为高效服务乡村社区尺度的规划、治理工作提供了一个切实有效的途径，对在小尺度国土空间规划中提升公众参与度具有一定的引导作用。

张晓彤带领团队潜心研究，根据其在乡村规划中的长期实践成果，通过与相关学科的接触、融合、贯通，从景观媒介的角度，创建了适宜于我国乡村规划的交互式理论、方法和技术手段，对中国落实2030年可持续发展议程目标11具有很强的理论和实践意义。

据了解，他的这本著作是中国可持续发展研究会人居环境专业委员会策划的《中国落实2030年可持续发展议程目标11系列丛书》的第一部作品。我代表中国可持续发展研究会时空信息与服务专业委员会，对该系列丛书的策划与出版表示衷心的祝贺，也希望今后加强两个专业委员会的深度合作，共同推动"人居环境+时空信息服务"领域的跨学科交叉融合，共同为我国城乡建设与高质量发展提供更多科技支撑。

自然资源部国家基础地理信息中心教授，中国工程院院士
中国可持续发展研究会时空信息与服务专业委员会（筹）主任委员

2021年7月

序 三

在乡村规划过程中如何尊重、吸收、借鉴不同利益相关者的观点历来是规划界研究的热点问题。由于受尺度范围、生产生活方式、土地产权制度等因素的影响，不同于"城市规划"宏观统筹的出发点，乡村社区更多是由当地人直接创造并加以利用的，因此，相对于城市对于空间的"管控"，对于乡村地区则更应强调的是以"治理"的路径，实现人与空间的包容、协调发展。

乡村规划本身就是沟通村民、管理者和规划者等规划参与者不同观点的一座桥梁，各方参与者自身的利益，也必须经由有效交互之后才能最终被互相认同。在实际操作层面上，规划就是一个多方博弈的过程，各方参与者通过对各自规划意图的不断修正，而产生一个相对满意的结果。由于各相关主体或团体都在因为交互信息的过程中修订、完善、补充自身的规划意图，使之逐步趋向于合理并增强可操作性，这其实就是一种自我学习过程。而各方在相互学习的交互过程中，势必会产生影响规划结果的新知识和新理论。而规划的最终结果，往往会由于这种交互式的设计而得到优化。

为了提升乡村规划过程的可理解性、真实性和可落地性，规划界从理论方法、技术手段等方面，为增强规划过程中的交互能力，进行了很多尝试。实践证明，一个包含充分交互过程的规划案例，虽然在规划阶段会存在相对较多的互动成本，但因其在建设前期更好地使不同利益相关者得到了充分的交流和协商，这将十分有助于规划的执行。应该说，将结合交互式理论的现代技术手段在规划过程中的应用，将会成为乡村空间评价、乡村规划和管理中重要的突破点。

张晓彤研究员在多年实证研究的基础上，致力于探讨如何基于交互式规划理念，建立乡村规划与评估一体化的科学方法，并通过多源数据及数字化的工具手段，将之应用于乡村实时评估和乡村规划中。这套基于景观媒介的乡村交互式规划技术方法，能够使各方参与者以更加便捷、直观的方式，从历史追溯、需求分析、数据收集到方案优化的全过程，完全融入乡村规划中，以满足乡村人居环境及生态景观规划对直观交互、顺畅沟通、高效民主的需求。该研究得到了科技部"十三五"国家重点研发专项的支持，具有很高的理论和实践价值。希望晓彤和他的团队在取得高水平阶段性成果的基础上，继续在提升包容性、可持续性和低碳、生态和健康乡村住区规划方向扎实工作，为乡村规划和乡村建设者提供更多、更先进的技术支持！

天津大学建筑学院教授

2021 年 7 月

前　言

　　随着国际社会对城乡社区可持续发展包容性目标的日益关注，我国乡村振兴战略实施过程中对于"共同缔造"的逐项落实和基于多方有效参与的理论、方法、技术手段、组织实施已成为乡村规划中的核心要素。随着景观科学在多学科、多利益相关者间沟通融合研究的不断深入，乡村规划中以景观作为包容性和可持续发展判断依据的研究格外受到关注。受尺度、范围、生产生活方式、土地产权制度等特定因素的影响，乡村规划在理念、手段、方法上与城市存在较大差异，不能完全照搬城市规划的经验。因此，以乡村社区多利益相关者为中心，在乡村规划中引入交互式规划理论、方法和技术，探索将景观作为满足乡村发展利益相关方直观交互、顺畅沟通、高效民主等需求的媒介平台，是从理论方法和支持工具上防止乡村规划成果趋同于城市规划范式的有效路径。

　　本研究围绕基于景观媒介的交互式规划理论、方法和技术手段，梳理其基本观点、细分理论特征并评估其适用方向，研究和求证三个问题：一是如何建立和形成共同但有区别的理想语境；二是如何界定和选择差异化的交互媒介；三是如何判定和提供多样化的交互形式。在此基础上，本研究通过景观认识论的多角度解构，梳理交互式规划的流程框架、媒介类型的界定依据；通过主观-客观、定性-定量两个维度的综合评估，凝练交互式规划的实施机制，提出不同阶段交互主体、交互方式、景观媒介和交互技术手段的选择方案；通过开发配套工具、结合具体案例完成历史景观分析、关键问题辨识、矛盾冲突解决、设计优化提升等乡村规划阶段的实证研究，实现基于景观媒介的交互式乡村规划方法研究成果的中试应用。

本研究初步构建了适用于交互式乡村规划方法的要素体系，形成了基于景观媒介的，针对乡村规划不同阶段、不同参与主体的交互式规划和评估一体化的应用方法与体系，以案例形式实证了该应用方法与体系在乡村规划与设计不同阶段的适宜性和有效性。研究成果体现了景观作为多源知识人融合沟通的媒介在乡村规划中的关键价值、经过主体和方法细分的交互式规划过程在乡村规划中的特殊意义，可推动多利益相关者的乡土知识与科学知识在乡村规划中"无缝"融合，也可为乡村规划提供调研、决策、优化的交互辅助工具。

在本文成文过程中，特别感谢天津大学曾坚教授、中国农业大学宇振荣教授、中国可持续发展研究会何建清教授给予的无私指导；感谢宇林军博士、王晓军博士、陈健博士、任斌斌博士、高秀秀博士等同仁共同的思维碰撞；感谢我的同事李婕、李阳、李易珏、王宁在案例实践中给予的全力配合；感谢案例示范地领导和各位参与实践的当地朋友的大力支持。让我们继续共同努力，用科技的力量，再造魅力故乡。

张晓彤

2021 年 7 月

目 录

第 1 章

绪 论

1.1 研究背景

1.1.1 在可持续发展背景下，"景观"不仅是研究对象更是手段

2015年联合国可持续发展峰会（United Nations Sustainable Development Summit 2015）通过了《改变我们的世界——2030年可持续发展议程》（Transforming our World: The 2030 Agenda for Sustainable Development），这是一幅由全世界所有国家共同描绘的未来发展蓝图（孙新章[1]，2016）。与《千年发展目标》（Millennium Development Goals，MDGs）有所差异，《可持续发展目标》（Sustainable Development Goals，SDGs）更加注重从愿景转向实践，将关注点从全球尺度延展到地方尺度："改变我们的世界、实现可持续发展"的目标最终需要在地方未来的发展方向与规划中清晰而明确地落实（Colglazier[2]，2015）。在可持续发展的17个目标中，绝大多数目标都包含和人类发展密切相关的空间（我们可以将其理解为景观）的条款。

针对地方发展问题进行判断和规划是一项复杂的工作，不同利益相关者、不同阶段都会给出不同的辨识结果（Zhu[3]，2017），这也是可持续发展目标在全球社会落实面临的重大挑战。"包容（Inslusive）""公平

---

① 孙新章. 中国参与2030年可持续发展议程的战略思考[J]. 中国人口·资源与环境，2016，26（1）：1-7.

② Colglazier W. Sustainability. Sustainable development agenda: 2030[J]. Science，2015，349（6252）：1048.

③ Zhu D. Research from global Sustainable Development Goals（SDGs）to sustainability science based on the object-subject-process framework[J]. Chinese Journal of Population Resources & Environment，2017，15（1）：8-20.

（Equitable）""可持续管理（Sustainable Management）"等关键词在169个具体目标与之对应的条款描述中频繁地出现，标志着个体间交互及学科间的交互是实现可持续发展的必经之路。其中，"SDG11：建设包容、抵御风险可持续的城乡与社区"更是对人居环境可持续发展提出了明确的要求。

除了作为"自然、人文生态复合而成的景观综合体"（王云才和刘滨谊[1]，2003）成为可持续发展的重要研究对象外，"景观"研究还可以作为一个方法框架，通过使那些不可视的、不能被广泛理解的信息转化为可视的、可以被判断的要素、特征与符号，来实现对于可持续发展问题的交互讨论。景观方法可被定义为通过实施适应性和综合管理系统，整合多个竞争性土地使用政策和实践的框架（Reed et al.[2]，2015；Salvati et al.[3]，2017）。这是一个多方面、长期和协作的过程，旨在将来自多个部门的多个利益相关者聚集在一起，共同提供解决方案的途径。为此，该过程旨在促进利益相关者之间的交互，以权衡和最大限度地发挥协同作用，其总体目标是"赢得更多"和"损失更少"（Van Oosten et al.[4]，2013）。

可持续发展目标的实现本质与每个人的行动和福祉息息相关，需要跨学科的合作以及所有人的共同协作。而景观方法框架和可持续发展目标之间的重叠是显而易见的：景观方法的潜在价值也是一个实施框架，可以用于解决可持续发展目标内部和之间的多个目标（Reed et al.[5]，2015）。在一

① 王云才，刘滨谊. 论中国乡村景观及乡村景观规划[J]. 中国园林，2003，19（1）：55-58.

② Reed J，Vianen J V，Sunderland T C H. From global complexity to local reality：aligning implementation pathways for the Sustainable Development Goals and landscape approaches[J]. Cifor Infobrief，2015，115（2）：196-205.

③ Salvati L，Zuliani E D，Sabbi A，et al. Land-cover changes and sustainable development in a rural cultural landscape of central Italy：classical trends and counter-intuitive results[J]. International Journal of Sustainable Development & World Ecology，2017，24（1）：1-10.

④ Van Oosten，C. Venter，M. Sunderland et al. Ten principles for a landscape approach to reconciling agriculture，conservation，and other competing land uses[J]. Proceedings of the National Academy of Sciences of the United States of America，2013（10）：8349-8356.

⑤ Reed J，Vianen J V，Sunderland T C H. From global complexity to local reality：aligning implementation pathways for the Sustainable Development Goals and landscape approaches[J]. Cifor Infobrief，2015，115（2）：196-205.

些欧美国家，景观功能、结构与可持续发展之间的链接已经建立，并从抽象的理论转化为具体的行动与实践，进一步上升为制定公约与政策的工具（如Górka[①]，2016；Salvati[②]，2017）。相对而言，我国的"景观"概念依然是模糊而充满分歧的，各相关学科仍未形成对"景观科学"体系共同的认知，与支持可持续发展的规划和实践联系也仍未建立（鲍梓婷等[③]，2017；俞孔坚和李迪华[④]，2007）。专业科学家、决策者、普通公众之间巨大的知识差异，无疑是将理论转化为行动的最大障碍。在此背景下，本研究尝试以乡村景观中交互式规划为切入点，梳理并探寻景观与可持续发展规划和管理之间的实践性联系。

1.1.2 乡村作为景观尺度空间，有别于城市对于公众参与的需求

乡村聚落和城市都可以被看作是一种公共性空间化的场所（Wellenius[⑤]，2002；Brownlee et al.[⑥]，2010），但由于受尺度范围、生产生活方式、土地产权制度等因素的影响，适用于乡村规划的理念、手段、方法都与城市规划有较大的差异，不能照搬城市规划的经验。不同于"城市规划"宏观统筹的出发点，处于景观尺度的乡村空间更多是由当地人直接创造并加以利用的，因此，对利益相关者意愿的考虑更为重要。相对于对"城市空间"的"管控（Management）"，对于乡村地区，更强调的是对人与空间相结合

① Górka A. Landscape Rurality：New Challenge for The Sustainable Development of Rural Areas in Poland [J]. Procedia Engineering，2016（161）：1373-1378.

② Salvati L，Zuliani E D，Sabbi A，et al. Land-cover changes and sustainable development in a rural cultural landscape of central Italy：classical trends and counter-intuitive results[J]. International Journal of Sustainable Development & World Ecology，2017，24（1）：1-10.

③ 鲍梓婷，周剑云，肖毅强.景观作为可持续城市设计的媒介和途径[J].中国园林，2017，33（2）：17-21.

④ 俞孔坚，李迪华.可持续景观[J].城市环境设计，2007（1）：7-12.

⑤ Wellenius B. Closing the gap in access to rural communication：Chile 1995—2002[J]. World Bank Publications，2002，volume 4（3）：29-41（13）.

⑥ Brownlee K，Graham J R，Doucette E，et al. Have Communication Technologies Influenced Rural Social Work Practice？[J]. British Journal of Social Work，2010，40（2）：622-637.

基于景观媒介的交互式乡村规划方法及其实证研究

的"景观"的"治理（Governance）"（Schouten et al.[①]，2013；Rega[②]，2014），因为"景观"相对于"空间""土地""环境"，更多地强调了人作为景观主体营造者和结果接收者的双重身份（张晓彤[③]，2010；鲍梓婷等[④]，2017）。更直接的表述是，由于当地居民不仅仅是直接受影响的利益相关者而且是本土知识的来源，因此，乡村规划需要更高的当地群众参与度。

交互式规划的实用主义与沟通理性视角，能够提升乡村规划中的公众参与程度和基层治理效果。从国家法律、制度与政策层面上，我们早已十分强调乡村规划应当从农村实际出发，尊重村民意愿，体现地方和农村特色（如马超等[⑤]，2013；唐祖辉[⑥]，2013）。而交互式规划通过促进规划中农民的参与，能够更翔实有效地将地方具体情况和特色融入乡村规划，避免把城市中"千城一面"的规划"复制"到乡村，出现"千村一面"的恶局，因此具备更强的针对性和指导性。

另一方面，各地经济社会发展水平差异极大，我们的政策早已要求乡村规划要面向地方乡村公共政策，已经不仅仅将规划视作一个纯粹的规划技术行为，受乡村规划影响的村民参与规划决策已是他们的基本权利（Swanson[⑦]，2010）。但多年的实践证明，纯粹自上而下的乡村规划可操作性并不强，交互式的乡村规划也许是寻求新规划途径的一种新思维。基于

---

① Schouten M，Opdam P，Polman N，et al. Resilience-based governance in rural landscapes：Experiments with agri-environment schemes using a spatially explicit agent-based model[J]. Land Use Policy，2013，30（1）：934-943.

② Rega C. Pursuing Integration Between Rural Development Policies and Landscape Planning：Towards a Territorial Governance Approach[M]. Springer International Publishing，2014.

③ 张晓彤. 主客观结合的多功能农业景观评价研究[D]. 北京：中国农业大学，2010.

④ 鲍梓婷，周剑云，肖毅强. 景观作为可持续城市设计的媒介和途径[J]. 中国园林，2017，33（2）：17-21.

⑤ 马超，张戈，宿裕. 以原住民参与为特色的村镇文化传承策略研究[J]. 城市发展研究，2013，20（9）：37-41.

⑥ 唐祖辉. 新农村景观的乡土特色表达策略研究——以浙江美丽乡村建设为例[D]. 杭州：浙江农林大学，2013.

⑦ Swanson L E. Rural Policy and Direct Local Participation：Democracy，Inclusiveness，Collective Agency，and Locality-Based Policy*[J]. Rural Sociology，2010，66（1）：1-21.

此背景，本研究尝试通过对交互式规划范式的性质探讨，揭示出其基本属性，从而使该规划方式能够更好地应用于中国乡村规划实践的各个层面和阶段当中，为解决我国目前乡村规划提供进阶的工具手段。

1.1.3 交互式方法技术快速发展，可为乡村参与式规划提供支持

民主与参与一直是规划研究的关注点（Selman[①]，2004；Jones[②]，2007；Stenseke[③]，2009；Arler[④]，2011；章征涛等[⑤]；2015）。参与式规划方法，对于乡村规划已成为一个将多方利益相关者融入规划过程中的有效途径（Valenciasandoval et al.[⑥]，2010；Hu et al.[⑦]，2013），但民主参与在我国的规划界应用仍不充分（毕宇珠[⑧]，2009；李开猛等[⑨]，2014；边防等[⑩]，2015）。

乡村规划通常涉及多方利益相关者，如公众、当地政府及社会团体

① Selman P. Community participation in the planning and management of cultural landscapes[J]. Journal of Environmental Planning & Management，2004，47（3）：365-392.

② Jones M. The European landscape convention and the question of public participation[J]. Landscape Research，2007，32（5）：613-633.

③ Stenseke M. Local participation in cultural landscape maintenance：lessons from Sweden[J]. Land Use Policy，2009，26（2）：214-223.

④ Arler F. Landscape Democracy in a Globalizing World：The Case of Tange Lake[J]. Landscape Research，2011，36（4）：487-507.

⑤ 章征涛，宋彦，阿纳博·查克拉博蒂.公众参与式情景规划的组织和实践——基于美国公众参与规划的经验及对我国规划参与的启示[J].国际城市规划，2015，（5）：47-51.

⑥ Valenciasandoval C，Flanders D N，Kozak R A. Participatory landscape planning and sustainable community development：methodological observations from a case study in rural Mexico[J]. Landscape & Urban Planning，2010，94（1）：63-70.

⑦ Hu Y，Roo G D，Lu B. "Communicative turn" in Chinese spatial planning？ Exploring possibilities in Chinese contexts[J]. Cities，2013，35（35）：42-50.

⑧ 毕宇珠.乡村土地整理规划中的公众参与研究——以一个中德合作土地整理项目为例[J].生态经济（中文版），2009（9）：38-41.

⑨ 李开猛，王锋，李晓军.村庄规划中全方位村民参与方法研究——来自广州市美丽乡村规划实践[J].城市规划，2014，38（12）：34-42.

⑩ 边防，赵鹏军，张衔春，等.新时期我国乡村规划农民公众参与模式研究[J].现代城市研究，2015（4）：27-34.

等。在乡村这样一个空间创造者和使用者高度一致的区域，随着人口异质化和生产生活方式多样化程度的加深，各方治理权利（Governance Power）意识日趋增强，乡村规划利益相关者愈加多样。传统"自上而下"地严格按照技术规定来编制规划的方法亟需拓展。规划师必须全面关注和吸纳不同利益相关者（包括其他领域专家）的诉求和意见，在规划过程中以交互的形式，实现相关利益群体的全面深入参与、协作、协商和交互。

以交互方式实现良好沟通的规划范式，已有相对成熟的理论。第一个研究高潮是在20世纪70年代至20世纪90年代引进的国外理论研究（如Innes[1]，1996；Healey[2]，1998），第二个研究高潮即近20年来借助信息工具的不断发展不断地丰富交互式规划的应用理论（如Kemmis and Mctaggart[3]，2005；Joseph and Andrew[4]，2008）。在参与式民主被普遍接受的当今，基于被决策影响的人群有权参与到决策指定过程中的理念（Slocum[5]，2009），交互式规划已成为空间规划研究及实践过程中不可回避的焦点，其核心是各利益相关方之间的有效沟通。

在此背景下，本研究将探讨如何基于交互式规划理念，建立乡村规划与评估一体化方法，并通过信息化工具手段，将之应用于乡村规划和实时评估中。交互式规划工具的应用，能够使各方参与者以更加便捷、直观的方式，完全融入乡村规划从历史追溯、需求分析、数据收集、方案优化到方案评审的全过程，以此来满足乡村景观规划对直观交互、顺畅沟通、高效民主的需求。

---

① Innes J E. Planning Through Consensus Building: A New View of the Comprehensive Planning Ideal[J]. Journal of the American Planning Association, 1996, 62(4): 460-472.

② Healey P. Collaborative Planning in a Stakeholder Society[J]. The Town Planning Review, 1998(69): 1-21.

③ Kemmis S, Mctaggart R. Participatory Action Research: Communicative Action and the Public Sphere[J]. Sage Handbook of Qualitative Research, 2005: 559-603.

④ Joseph M K, Andrew T N. Participatory approaches for the development and use of Information and Communication Technologies (ICTS) for rural farmers[C]// IEEE International Symposium on Technology & Society. 2008.

⑤ Slocum R. Commentary on "Public Health as Urban Politics, Urban Geography: Venereal Biopower in Seattle, 1943-1983" [J]. Urban Geography, 2009, 30(1): 30-35.

1.2 研究意义

1.2.1 体现多源知识在乡村规划中的关键价值

景观是人类和自然交互作用的结果（Council of Europe[①]，2000），景观不可能独立于人而单独存在，人本身也是景观中的重要组成部分（张晓彤[②]，2010）。在乡村地域尺度上，由于当地居民世代居住在此，并经营着自己的"生活圈"景观，景观或直接或间接都会影响人们的生活质量，他们所掌握的本土知识，往往比现代科学在实践中更具有说服力。

以"景观"作为媒介的乡村规划涉及多方利益相关者，当地居民、专业技术人员、各级相关部门以及规划师本身都可以作为规划的主体。在乡村规划中不同利益相关者都有着各自的意愿及利益，其中当地居民作为该乡村的主体和规划结果的承担者，规划的成功与否对都会对其生活造成直接而深刻的影响（Kerselaers et al.[③]，2013）。现如今，规划中的参与制度在很多国家已经普及（许世光[④]，2012），大部分发达国家也已形成了成熟的条例化和制度化的参与式规划方法和体制，使这些地区的村民在乡村规划中的利益得到切实的保障（如Kumagai and Hirota[⑤]，2000；

[①] Council of Europe. Official text of the European Landscape Convention In 2000.（2000-10-20）[2007-12-04]. http：//www.coe.Int/t/e/Cultural_Co-operation/Environment/Landscape.

[②] 张晓彤. 主客观结合的多功能农业景观评价研究[D]. 北京：中国农业大学，2010.

[③] Kerselaers E，Rogge E，Vanempten E，et al. Changing land use in the countryside：Stakeholders' perception of the ongoing rural planning processes in Flanders[J]. Land Use Policy，2013，32：197-206.

[④] 许世光. 珠江三角洲村庄规划公众参与的形式选择与实践[J]. 城市规划，2012，36（2）：58-65.

[⑤] Kumagai T，Hirota J. The resident participation in a stage of decision of the master plan. The case of Tanohata village and Isawa town in Iwate Prefecture[J]. Journal of Rural Planning Association，2000，19（2）：127-132.

Dadvarkhani[①]，2012）。

    由于利益相关者认知差异巨大，借助可以提升规划中交互效果和效率的工具手段十分有必要。因此应当采取多方利益相关者更容易接受的技术，如三维可视化（如张晓彤等[②]，2010；张晓彤等[③]，2017）、主观信息图形化（如Raskin[④]，2002；Chang and Ding[⑤]，2005）、规划评估一体化（如张晓彤等[⑥]，2018）等进行交互式规划来达到预期目的。本研究将在交互式规划理论框架下，通过以景观可视化技术为核心的适用技术体系，在不同阶段，针对不同参与主体，有效且充分获取他们对乡村的知识、认知和态度，使之应用在乡村规划之中，体现出在乡村规划实践中对于"人"的尊重。

1.2.2 体现景观媒介在乡村规划中的重要作用

    不同于"土地利用（Land Use）"的概念，景观不是一系列无生命景观要素的堆积，而因其自身的特征具备了"场所精神（Spirit of Place）"（张晓彤[⑦]，2010）。因此，对于以"景观"为媒介的的规划，不仅应针对景观狭义的空间属性，还要关注到景观自身的特征，以及不同人群对其的感知和

---

① Dadvarkhani F. Participation of rural community and tourism development in Iran[J]. Community Development，2012，43（2）：259-277.

② 张晓彤，宇振荣，王晓军，等. 场景可视化在乡村景观评价中的应用[J]. 生态学报，2010，30（7）：1699-1705.

③ 张晓彤，段进明，宇林军，等. 基于三维电子沙盘的参与式乡村历史景观评估：以贵州省对门山村为例[J]. 中国生态农业学报，2017，25（10）：1403-1412.

④ Raskin J D. Constructivism in psychology：Personal construct psychology，radical constructivism，and social constructionism[J]. Journal of Constructivist Psychology，2002，27（1）：1-13.

⑤ Chang C H，Ding Z K. Categorical data visualization and clustering using subjective factors[J]. Data & Knowledge Engineering，2005，53（3）：243-262.

⑥ 张晓彤，宇林军，何炬. 参与式三维电子沙盘技术在村镇规划设计中的应用[J]. 城乡建设，2018（9）：64-67.

⑦ 张晓彤. 主客观结合的多功能农业景观评价研究[D]. 北京：中国农业大学，2010.

诉求。

在规划过程中，相互理解是交互行动的核心，而景观作为"媒介"是行动者各方理解相互状态和行动计划的工具。"景观"自身就是一个"交互"过程中的良好媒介，可以使那些不可视的、不能被广泛理解的信息通过可视的、可以被判断的要素、特征或符号媒介，形成沟通行动中的"理想语境"。在信息交互技术达到一定功能可能性后，"理想语境"就已突破了以语言媒介为代表的限制。因而交互式规划有别于传统参与式规划的关键要素为，其更为强调在规划过程中不同利益相关者通过景观媒介进行即时信息交互、理解与迭代，以体现景观作为媒介在乡村规划中的重要作用。

1.2.3 体现交互过程在乡村规划中的特殊意义

在"交互式规划"出现之前，对于经验、工具和价值的依赖是规划领域的核心。在很长时间里，规划师是通过统计计量模型、采用系统分析方法，不掺杂任何个人主观价值趋向判断，利用科学的分析和理性的判断进行规划。即使到了今天，工具理性范式仍然具有很大的影响力。

但是从20世纪60年代起，规划学界出现了反对理性主义的声音（Forester[①]，1994）。因为在自然科学中所常用的实证方法不适用于动态、多变、多利益相关者的规划决策环境（Amdam[②]，1997）。特别是当规划者面临相冲突的规划目标或对立的价值观时很难作出决策。20世纪80年代后期，规划领域对于空间规划和公共政策过程重新进行了阐述，着重强调了各利益相关方相互交流和协商过程的重要性（Forester[③]，1987；

① Forester J. Bridging Interests and Community：Advocacy Planning and the Challenges of Deliberative Democracy[J]. Journal of the American Planning Association，1994，60（2）：153-158.

② Amdam R. Empowerment planning in local communities：Some experiences from combining communicative and instrumental rationality in local planning in Norway[J]. International Planning Studies，1997，2（3）：329-345.

③ Forester J. Planning in the Face of Conflict：Negotiation and Mediation Strategies in local Land Use Regulation[J]. Journal of the American Planning Association，1987，53（3）：303-314.

Healey[①]，1992）。可以理解为，相对于综合理性范式对于实证结果的偏重，沟通理性范式中规划过程本身成了规划之中的绝对重点。

为了提升规划过程的可理解性、真实性、正确性、真诚性，规划领域从理论方法、技术手段等方向在增强规划过程中的交互能力上，进行了很多尝试（Steiner[②]，1998；Tyrväinen et al.[③]，2007）。实践证明，一个包含充分交互过程的规划案例（如Buchecker et al.[④]，2003；Carsjens and Ligtenberg[⑤]，2006；Bruns et al.[⑥]，2008），虽然在规划阶段会存在相对较多的互动成本，但其在建设前期更好地使不同利益相关者得到了充分的交流和协商，这将十分有助于规划的执行。总之，结合交互式理论的现代技术手段在规划过程中的应用，将是乡村评价、规划和管理中重要的突破点，进而实现对"交互过程"的尊重。

1.3 国内外相关研究概况

1.3.1 国外相关研究概况

公众参与最早起源于西方的政治参与，随后在其他领域中得到重视和发展，包括城市政策、地方治理、城市规划、社区发展、环境保护等

---

① Healey P. Planning through debate：The communicative turn in planning theory[J]. Town Planning Review，1992，63（2）：143-162.

② Steiner F R. An approach for greenway suitability analysis[J]. Landscape & Urban Planning，1998，42（2-4）：0-105.

③ Tyrväinen L，Mäkinen K，Schipperijn J. Tools for mapping social values of urban woodlands and other green areas[J]. Landscape & Urban Planning，2007，79（1）：5-19.

④ Buchecker M，Hunziker M，Kienast F. Participatory landscape development：overcoming social barriers to public involvement[J]. Landscape & Urban Planning，2003，64（1）：29-46.

⑤ Carsjens G J，Ligtenberg A. A GIS-based support tool for sustainable spatial planning in metropolitan areas[J]. Landscape & Urban Planning，2006，80（1）：72-83.

⑥ Bruns D，Haustein N，Willecke J. Landscape planning for flood risk management planning with SEA[J]. Journal of Landscape Architecture，2008，3（1）：24-35.

（Nichols[1]，2002；Maccallum[2]，2008；Scarinci et al.[3]，2009；Pert[4]，2013；吴智刚等[5]，2015；Mu[6]，2016）。当前，在城乡规划领域，通过不同交互手段实现公众参与已经成为欧美众多发达国家城乡规划行政体系中的一个重要法定环节（陈有川和朱京海[7]，2000）。各类交互式规划的技术方法也以法律化、制度化形式被纳入规划决策体系之中，不但有利于提升规划决策的科学化和民主化，更增强了人们参与城市建设的积极性，从而有助于提高规划后期的实施效果（吴智刚等[8]，2015）。

1.3.1.1 交互式规划相关理论研究

20世纪60年代，以鼓励公众参与城市规划活动的倡导性规划和公众参与阶梯理论为代表。Davidoff and Reiner[9]（1973）构建了多元主义下的公众参与理论基础，由此提倡规划过程的选择应以大众判断为基础。随

---

① Nichols L. Participatory program planning: including program participants and evaluators[J]. Evaluation & Program Planning，2002，25（1）: 1-14.

② Maccallum D. Participatory planning and means-ends rationality: a translation problem[J]. Planning Theory & Practice，2008，9（3）: 325-343.

③ Scarinci I C，Johnson R E，Hardy C，et al. Planning and implementation of a participatory evaluation strategy: a viable approach in the evaluation of community-based participatory programs addressing cancer disparities[J]. Evaluation & Program Planning，2009，32（3）: 221-228.

④ Pert P L，Lieske S N，Hill R. Participatory development of a new interactive tool for capturing social and ecological dynamism in conservation prioritization[J]. Landscape & Urban Planning，2013，114（11）: 80-91.

⑤ 吴智刚，王帅，陈忠暖. 村镇规划中的公众参与——理论与路径安排[J]. 城市观察，2015（2）: 150-157.

⑥ Mu S. Community Building in Social-mix Public Housing: Participatory Planning of Ankang Redevelopment Plan [J]. Procedia - Social and Behavioral Sciences，2016，222: 755-762.

⑦ 陈有川，朱京海. 我国城市规划中公众参与的特点与对策[J]. 规划师，2000，16（4）: 8-10.

⑧ 吴智刚，王帅，陈忠暖. 村镇规划中的公众参与——理论与路径安排[J]. 城市观察，2015，（2）: 150-157.

⑨ Davidoff P，Reiner T A. A Choice Theory of Planning [J]. A Reader in Planning Theory，1973，28（2）: 11-39.

后，"多元化倡导性规划"概念提出，提倡为保证民主性、公平性和平等性，规划过程应着力平衡、协调各种可能出现的矛盾冲突，拓展选择与选择机会以促进多元主体参与协商。Arnstein[①]（1975）将公众参与划分为实权参与、象征性参与和非参与的参与三个层次，下设公民控制、权利转移、合作、展示、咨询、告知、治疗和操纵八个阶段。

20世纪七八十年代，初始的公众参与相关理论时期迅速发展至交互式规划理论阶段。1973年，美国学者John Friedmann出版了《再寻美国：一个交互式规划的理论》一书，该书提到应进一步提高公众在规划过程中的地位，并强调应将规划视为规划师与公众通过交流互动而将彼此的认知交汇并达成一致的学习过程（Friedmann[②]，1998）。1977年，《马丘比丘宪章》进一步对交互式规划活动给予了支持，提出规划工作应当建立在居民、政府和专业人员之间相互交流沟通的基础上（张莹萍[③]，2007；吴晓言[④]，2017）。

20世纪80年代末起，交互式规划发展至成熟阶段，代表性理论包括联络性规划理论、重叠共识和多元宽容理论、新交互式规划理论等。美国学者Sager和Innes提出规划师应当采取联络互动的方式参与到决策过程中来，以改变原本被动提供技术与决策咨询的形式。这一理论标志着规划师的角色从"向权利讲授真理"到"参与决策权利"的转变（张庭伟[⑤]，1999）。1994年，Forester[⑥]提出了把理性与组织、实践与权力、干预与实践、竞争与调停等结合在一起的理论框架。之后提出的"重叠共识"和

① Arnstein S R. A Working Model for Public Participation[J]. Public Administration Review, 1975, 35（1）: 70.

② Friedmann J. Planning theory revisited[J]. Urban Planning Overseas, 1998, 6（3）: 245-253.

③ 张莹萍. 上海市城市规划管理中的公众参与研究[D]. 上海：同济大学，2007.

④ 吴晓言. 基于公众参与的传统村落保护发展规划研究——以重庆大足玉峰村为例[D]. 重庆：重庆大学，2017.

⑤ 张庭伟. 从"向权力讲授真理"到"参与决策权力"：当前美国规划理论界的一个动向联络性[J]. 城市规划，1999（6）: 33-36.

⑥ Forester J. Bridging Interests and Community: Advocacy Planning and the Challenges of Deliberative Democracy[J]. Journal of the American Planning Association, 1994, 60（2）: 153-158.

"多元宽容"理论，明确标识规划师的工作为沟通性质，在组织和结构层次上与政治、经济、文化、历史等方面密切相关（顾丽梅[1]，2006）。

20世纪90年代，Healey et al.[2]（1998）提出了新的交互式规划理论，认为规划不仅通过交往而进行，其本身就是一种广泛的社会参与的交往行为，是众多利益相关方进行价值协调的过程，其目标和结果是使成员通过相互沟通而达到一致的决策，在此过程中，对规划师的交流与协商能力提出了更高要求。本研究将在第2章对此进行详细梳理。

1.3.1.2 交互式乡村规划相关方法与实践

在交互式乡村规划的实践与研究方面，欧美国家以及亚洲的日本和韩国已经有了较为成熟的方法和技术。

美国的交互式规划有着悠久的历史，发展至今，其技术方法已经相对成熟。规划师被要求按照其规划的不同阶段，分别采用不同的技术方法（Brown-Sica et al.[3]，2010；Cumming and Norwood[4]，2010）。在规划方案制定阶段，以居民团体为代表，向规划机构提出建议，设置公众咨询委员会；在规划方案选择阶段，公众投票、技术援助、参与设计、公众讨论会、游戏与模拟、媒体投票等形式都会被利用到。

英国的交互式规划主要包括信息公开与技术参与两个部分（Breder

① 顾丽梅. 解读西方的公民参与理论——兼论我国城市政府治理中公民参与新范式的建构 [J]. 南京社会科学，2006（3）：41-48.
② Healey P. Collaborative Planning in a Stakeholder Society[J]. The Town Planning Review，1998（69）：1-21.
③ Brown-Sica M，Sobel K，Rogers E. Participatory action research in learning commons design planning[J]. New Library World，2010，111（7/8）：302-319.
④ Cumming G，Norwood C. The Community Voice Method：Using participatory research and filmmaking to foster dialog about changing landscapes[J]. Landscape & Urban Planning，2010，98（2）：434-444.

and Alexander[1]，1974；Cinderby[2]，1999；Mehr et al.[3]，2013）。信息公开往往是通过向公众展示咨询文件、向法定主体邮寄咨询文件、网站发布、媒体发布、发放传单和手册、公开展览、进行书面调查或建议、设置热线电话实现的；而技术参与主要是通过与利害关系人面谈、公众会议、建立"邻里委员会"网络、召开特殊群体的主题讨论会以及实施规划援助的实现。

　　日本是较早提出将交互式规划方法纳入乡村规划过程的国家。20世纪70年代末，由于农村劳动力大量外流造成的空心村现象越演越烈，日本开始了"造村运动"。在这一时期，越来越多的日本民众认识到了村民参与到乡村规划中的重要意义，"公众参与"逐渐以法律条文、村规民约或研究案例等形式在村庄规划中得以展示（Knight[4]，1994；Hashimoto and Sato[5]，2008）。至20世纪90年代，伴随村民参与村庄规划的实践展开，日本出现了村民参与型规划和村民主体型规划两种不同的参与模式（西村幸夫[6]，2007）。其中，前者的规划主体为政府，村民为规划编制的参与协作者；后者的规划主体为村民自身，政府负责从资金、政策、技术等方面协调支持（星野敏[7]，2010；刘小蓓[8]，2016）。至今，日本的交互式乡村规划已经表现得从容而积极，村民意见已经成为乡村规划编制依据的主要来源和基础，这不仅提高了乡村规划的可行性和控制性，也增强了在规划过程

---

① Breder H，Alexander R. Participatory Art and Body Sculptures with Mirrors[J]. Leonardo，1974，7（2）：145-146.

② Cinderby S. Geographic Information Systems for participation：The future of environmental GIS?[J]. International Journal of Environment & Pollution，1999，11（3）：304-315.

③ Shirani-Mehr，Banaei-Kashani，Shahabi，et al. Users plan optimization for participatory urban texture documentation[J]. Geoinformatica，2013，17（1）：173-205.

④ Knight J. Town-making in rural Japan：An example from Wakayama[J]. Journal of Rural Studies，1994，10（3）：249-261.

⑤ Hashimoto S，Sato Y. Participatory rural planning in Japan：promises and limits of neighborhood associations[J]. Paddy & Water Environment，2008，6（2）：199-210.

⑥ 西村幸夫. 再造魅力故乡[M]. 北京：清华大学出版社，2007.

⑦ [日]星野敏，王雷. 以村民参与为特色的日本农村规划方法论研究[J]. 城市规划，2010（2）：54-60.

⑧ 刘小蓓. 日本乡村景观保护公众参与的经验与启示[J]. 世界农业，2016（4）：135-138.

中村民的民主体验。

　　和日本相似，20世纪70年代，韩国开展了以建设新农村、新国家为目标，以勤勉、自助、协同、奉献为精神理念的"新村运动"（黄辉祥和万君[①]，2010）。这是一起由政府发起的自下而上的运动，政府不干涉村民对于建设活动的决策，而是作为引导协助村民的角色，鼓励其从力所能及的方面入手参与乡村建设活动，充分提高了村民参与新村建设运动的能力，极大地激发了村民投身新村建设的热情，并促使韩国新村运动逐渐由政府主导向完全的民间主导进行转变（郑起焕[②]，2006）。

1.3.2 国内相关研究概况

　　我国的交互式规划研究开始于20世纪80年代，90年代末开始发展，近20年来逐渐成为各领域学术界的综合研究热点并得到了较为深入的发展。在城乡规划领域，相关研究可分为以下几类：对国外制度、理论、实践案例的介绍、价值论证、制度体制研究，具体形式与操作方法研究，保障手段研究等。

1.3.2.1 国外交互式乡村规划引入

　　我国学者就国外交互式乡村规划相关理论、方法、制度、案例等诸多方面进行了系列介绍。例如，方明和刘军[③]（2006）对国外诸多国家乡村的建设经验进行了总结；王晓军[④]（2007）等对国外乡村参与式土地利用规划研究进展进行了综述；易鑫[⑤]（2010）以德国巴伐利亚州为例，分析了当地

① 黄辉祥，万君.乡村建设：中国问题与韩国经验——基于韩国新村运动的反思性研究[J].社会主义研究，2010（6）：86-90.

② 郑起焕.农村发展的新途径：韩国新村运动实例研究[C]//2006乡村治理与乡镇政府改革国际研讨会.中国改革发展研究院，2006：282-293.

③ 方明，刘军.国外村镇建设借鉴[M].北京：中国社会出版社，2006.

④ 王晓军.参与式土地利用规划理论与方法：村级案例研究[D].北京：中国农业大学，2007.

⑤ 易鑫.德国的乡村规划及其法规建设[J].国际城市规划，2010，25（2）：11-16.

乡村更新规划的制定、实施程序以及各阶段相关负责机构等内容；张婧[①]（2015）对英国邻里规划、韩国新村建设中的公众参与内容进行了综述。张茜等[②]（2015）在参考英国景观特征评估概念和方法的基础上，以具有典型南方水田地区特点的长沙市乔口镇为例，开展了较为完整的景观特征评估研究，提炼和比较了不同景观特征区域的特点和差异，并提出了景观特征提升和管护建议。

1.3.2.2 交互式乡村规划方法研究

在交互式乡村规划的具体方法上，多数研究移植城市规划手法，相继采用了问卷调查、规划模型展示、方案公示、村民座谈会等诸多形式。例如，曹轶和魏建平[③]（2010）提出规划师应以听取村民诉求和向其介绍相关政策作为协调政府和村民之间关系的纽带，并以此制定出被政府和村民双方都认可的规划成果。许世光[④]（2009）提出应将村民代表大会作为契合珠江三角洲地区实际情况的公众参与方式。丁奇和张静[⑤]（2009）提出村民参与乡村规划主要包括三个方面，即规划编制初期所接受的宣传工作、规划编制过程中的参与工作和规划方案公示期的意见提出工作。陈瑜雯等[⑥]（2012）提出了建立以农户为核心的"过程式参与模式"。张赫[⑦]（2015）等以调研信息为依据，对城市边缘区公共设施规划公共参与路径进行了探

---

① 张婧. 村庄规划渐进式村民参与体系和方法探索——以重庆市南川区美丽乡村建设为例 [D]. 重庆：重庆大学，2015.

② 张茜，刘文平，宇振荣. 乡村景观特征评估方法——以长沙市乔口镇为例[J]. 应用生态学报，2015，26（5）：1537-1547.

③ 曹轶，魏建平. 沟通式规划理论在新时期村庄规划中的应用探索[J]. 规划师，2010，（S2）：229-232.

④ 许世光. 村庄规划中公众参与的困境与出路[C]. 2009中国城市规划年会. 2009.

⑤ 丁奇，张静. 做让农民看得懂的新农村规划——村庄规划过程中的公众参与[J]. 小城镇建设，2009（5）：62-64.

⑥ 陈瑜雯，袁中金，赵邹斌. 村庄规划编制的农户过程式参与模式研究[J]. 城市发展研究，2012（9）：114-119.

⑦ 张赫，崔雪，龚一丹，等. 城市边缘区公共设施规划公众参与路径探索——以北京宋庄镇小堡村艺术聚集区公共设施调查为证[C]. 中国城市规划年会. 2015.

索。张晓彤、宇林军、王晓军等学者则通过以"规划—评估"一体化为核心的三维电子沙盘工具，对乡村历史景观回顾、场景选择和空间优化提升进行了尝试（张晓彤等[①]，2010；张晓彤等[②]，2010；张晓彤等[③]，2017；张晓彤等[④]，2018）。

总体而言，国外关于交互式乡村规划的理论、方法研究以及实践开展相对成熟，而国内的基础性研究成果较少，在具体方法上多数移植城市规划手法，虽然取得了一定效果，但大多处于尝试阶段，尚未总结出一套具有普遍可行性的参与式框架和被规划人员、政府相关部门和村民广泛认可的参与模式。

1.4 主要概念界定

1.4.1 作为研究范围的"乡村"

本研究所指的"乡村（Rural）"是相对于"城市（Urban）"而言的，是具有相对系统边界的自然、社会、经济特征，且处于景观尺度下的地域，"乡村"兼具生态、文化、社会、生产、生活等多重功能，且因为尺度因素，成为全部本地人的"生活圈"。乡村是基于一定地理空间的社会群体聚集地，它包含有自然地理属性的乡村空间，以及有社会经济、文化、政治活动功能的相对独立存在的社会属性（张晓彤[⑤]，2010）。本研究具体涉

① 张晓彤，宇振荣，王晓军，等.场景可视化在乡村景观评价中的应用[J].生态学报，2010，30（7）：1699-1705.
② 张晓彤，李良涛，王晓军，等.基于主观偏好和景观空间指标的农业景观特征偏好模型：以北京市11个农业景观特征区域为例[J].中国生态农业学报，2010 18（1）：180-184.
③ 张晓彤，段进明，宇林军，等.基于三维电子沙盘的参与式乡村历史景观评估：以贵州省对门山村为例[J].中国生态农业学报，2017，25（10）：1403-1412.
④ 张晓彤，宇林军，何炬.参与式三维电子沙盘技术在村镇规划设计中的应用[J].城乡建设，2018（9）：64-67.
⑤ 张晓彤.主客观结合的多功能农业景观评价研究[D].北京：中国农业大学，2010.

及的乡村同时包含自然村、行政村、小流域、乡村片区或仍（曾沟通理性将交互式规划）具备典型农业生产特征的乡镇等。

1.4.2 作为交互主体的"多方"

本研究所使用的"多方"，是指"多方参与者（Multi-Participants）"，一般理解为参与到交互式规划中的当地居民、政府管理者、规划师、专家、外界投资开发商、媒体、消费者，甚至宗教团体等利益相关个体或团体（Arriaza et al.[1]，2004；王晓军[2]，2007；Kupidura et al.[3]，2014；高凌霄和刘黎明[4]，2017）。基于对于"交互"意义的延伸，以及可将分析输出时长缩短到当面沟通许可范围内的"规划—评估"一体化工具的进步，本研究所关注的多方，除了参与到规划中的各类主体外，还包括以实时提供科学分析和边界条件限定等为体现的客观工具。规划的主客体及其相互关系如图 1-1 所示。

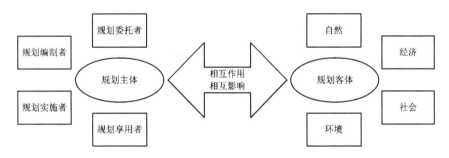

图1-1 规划的主客体及其相互关系示意

（笔者绘制）

① Arriaza M，Cañas-Ortega J F，Cañas-Madueño J A，et al. Assessing the visual quality of rural landscapes[J]. Landscape & Urban Planning，2004，69（1）：115-125.

② 王晓军. 参与式土地利用规划理论与方法：村级案例研究[D]. 北京：中国农业大学，2007.

③ Kupidura A，Luczewski M，Home R，et al. Public perceptions of rural landscapes in land consolidation procedures in Poland[J]. Land Use Policy，2014，39（3）：313-319.

④ 高凌霄，刘黎明. 乡村景观保护的利益相关关系辨析[J]. 农业现代化研究，2017（6）：118-125.

1.4.3 作为研究方法的"交互"

"交互式规划（Communicative Planning）"的核心理论源自"沟通行为理论（Communicative Action Theory）"（Allmendinger[①]，2009），它所强调的"沟通理性（Communicative Rationality）"不仅是主体与客体各自的理性，还意味着主体间（Inter-subjectivity）的理性，是主张以"实践理性"来替代"先验理性"的主要思想来源。交互式规划以维持内部批判的民主力量，抗拒"单一维度"的控制为根本目的。需要注意的是，"Communicative Planning"在国内学术界被不同学者翻译为"交互式规划"（如王正兴[②]，1998；陈尚超[③]，2001）或者"沟通式规划"（如阮并晶等[④]，2009；王丰龙等[⑤]，2012）。虽然"沟通"也有"信息流表达"的含义，但更多地被认为是"人与人之间、人与群体之间思想与感情的传递、反馈过程"。基于本研究的研究目的，为了更好地体现"Communicative Planning"所强调的平等关注人与人之间、人与媒介间的互动，本研究将应用"交互式规划"的概念进行论述和分析。

1.4.4 作为交互媒介的"景观"

"景观（Landscape）"一词含义十分广泛，在不同的学科或文化体系下

① Allmendinger P. Towards a Post-Positivist Typology of Planning Theory[J]. Planning Theory，2002，1（1）：77-99.

② 王正兴. 试论交互式土地利用规划[J]. 资源科学，1998，20（5）：76-80.

③ 陈尚超. 城市仿真——一种交互式规划和公众参与的创新工具[J]. 城市规划，2001（8）：34-36.

④ 阮并晶，张绍良，恽如伟，等. 沟通式规划理论发展研究——从"理论"到"实践"的转变[J]. 城市规划，2009（5）：38-41.

⑤ 王丰龙，刘云刚，陈倩敏，等. 范式沉浮——百年来西方城市规划理论体系的建构[J]. 国际城市规划，2012，27（1）：75-83.

有着不同的理解（如 Naveh and Lieberman[①]，1990；Muir[②] 1999；Antrop[③]，2000）。本研究采用王云才和刘滨谊[④]（2003）的描述："乡村景观是具有特定景观行为、形态和内涵的一种景观类型，是聚落形态由分散的农舍到能够提供生产和生活服务功能的集镇所代表的地区，是土地利用粗放、人口密度较小、具有明显田园特征的地区。"在这一概念中，景观作为一个媒介，可以使那些不是肉眼可见的、没有生态知识的人无法辨识和判断的生态过程和状态，通过可视的、可以被判断的形式和方式得到展现（Nassauer and Opdam[⑤]，2008；Nassauer[⑥]，2012）。

如上所述，许多生态进程并不是肉眼可见的，因而没有生态知识的人并不能对所看到的现象进行解释（Nassauer et al.[⑦]，2014；Hein et al.[⑧]，2016），而"景观（Landscape）"作为一个交互媒介可以使那些可视的、可以被立刻评价的要素与特征，与那些不可视的、不能被广泛理解的景观所能提供的生态系统服务相链接（Opdam et al.[⑨]，2018）。由于在一个特定时间内景观只能有一种景观形态，因而具有不同学科或知识背景的参与者可

① Naveh Z，Lieberman A S. Landscape Ecology[J]. Theory & Application，1990，volume 15（6）：495-504.

② Muir R. Approaches to landscape[J]. Journal of Anthropological Research，1999，16（3）：398-399.

③ Antrop M，Brandt J. Changing patterns in the urbanized countryside of Western Europe[J]. Landscape Ecology，2000，15（3）：257-270.

④ 王云才，刘滨谊. 论中国乡村景观及乡村景观规划[J]. 中国园林，2003，19（1）：55-58.

⑤ Nassauer J I，Opdam P. Design in science：extending the landscape ecology paradigm[J]. Landscape Ecology，2008，23（6）：633-644.

⑥ Nassauer J I. Landscape as medium and method for synthesis in urban ecological design[J]. Landscape & Urban Planning，2012，106（3）：221-229.

⑦ Nassauer，Iverson J，Raskin，et al. Urban vacancy and land use legacies：A frontier for urban ecological research，design，and planning[J]. Landscape & Urban Planning，2014，125（2）：245-253.

⑧ Hein L，Koppen C S A V，Ierland E C V，et al. Temporal scales，ecosystem dynamics，stakeholders and the valuation of ecosystems services[J]. Ecosystem Services，2016，21：109-119.

⑨ Opdam P，Luque S，Nassauer J，et al. How can landscape ecology contribute to sustainability science?[J]. Landscape Ecology，2018，33（1）：1-7.

以将"景观"这个可以产生共同认知的事物作为交互媒介，在沟通过程中不断融合和修正各异的概念和价值观。Albert et al.[①]（2012）认为，不同的参与者以景观作为媒介共同规划，不仅是参与的一种手段，也是相互学习、消除差异、达成共识的一种途径。

1.5 研究目标

本研究针对以"景观"作为媒介的交互式规划方法在乡村规划中理论体系与适用技术衔接薄弱的问题，通过梳理交互式规划主要流派的规划思想、应用方向、适用技术等方面，构建不同规划阶段、不同利益相关者参与的交互式乡村规划应用方法体系；并针对当地居民、地方政府、专家学者在乡村规划的状态分析、问题辨识、矛盾解决和优化处理等过程中，对于迅速凝练过程信息、辨识和归纳多方观点、协调规划矛盾冲突、弥合学科间理解差异等需求，分别通过交互参与、交互协作、交互协商和交互交往方法，结合情景可视化技术、参与式评估技术、空间句法应用技术、扎根理论应用技术、景观特征评估技术等适用技术，形成以案例形式表达的基于多方参与的交互式乡村规划设计方法体系，推动乡土知识与科学知识在乡村规划中的"无缝"融合，为各方利益相关者实时提供乡村建设决策支持。

1.6 研究内容

本研究通过对交互式规划理论与方法、交互式乡村景观规划技术工具的研究，构建以"景观"作为媒介的交互式乡村规划要素体系，尝试交互式规划的多种方法和与之配合的专项技术，结合状态分析、问题辨识、矛

① Albert C，Zimmermann T，Knieling J，et al. Social learning can benefit decision-making in landscape planning：Gartow case study on climate change adaptation，Elbe valley biosphere reserve[J]. Landscape & Urban Planning，2012，105（4）：347-360.

盾解决和优化提升的各个环节，并通过多个案例实践，构建基于多方参与的交互式乡村规划设计方法体系，为乡村规划领域提供一个可同时提升规划参与性、科学性和可操作性的研究工具包。具体内容主要分为：

交互式规划理论与方法研究：通过对经验理性、工具理性、价值理性和交互理性思想史发展的梳理，提出对完全理性规划在出发点、价值观和可行性方面的批判，探寻在沟通行动理论框架下，交互式规划的基本特点、细分理论特征及其发展方向。在此基础上，总结出进阶交互式方法在提供共同但有区别的理想语境、差异化地选择交互媒介、多样化地提供主体与客体间的交互形式等方面的发展方向。

1.7 技术路线

本研究的技术路线如图1-2所示。

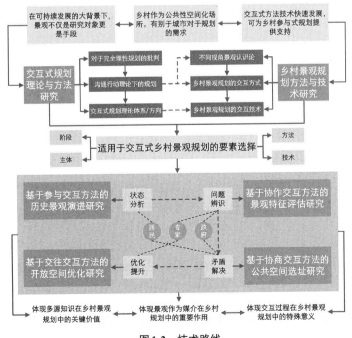

图1-2　技术路线

（笔者绘制）

1.8 创新点

1.8.1 选择"交互"和"景观"进行互为因果的方法融合

相较于学界对于理性规划思想的激烈讨论，可以应用在乡村规划中的方法进步并不明显，其主要原因是以景观作为交互媒介的技术发展反应滞后（Larcher et al.[1]，2013；Speelman et al.[2]，2014）。本研究创新性地提出选择"交互"和"景观"进行互为因果的方法融合：首先，相对于土地利用和空间环境，"景观"更加突出人与空间的结合，更多地强调了人在其中的作用和感受，利用"交互"的手段分析、辨识同时出现在客观存在和主观判断中的"景观"；其次，将"景观"自身作为"交互"过程中的一个良好媒介，结合景观生态学的方法技术，使那些不可视的、不能被广泛理解的信息通过可视的、可以被判断的要素、特性与特征，形成沟通行动中的"理想语境"，为交互式规划提供方法创新。

1.8.2 初步构建了以景观为媒介的乡村规划与评估一体化技术体系

在技术层面，本研究应用自主开发的三维电子沙盘工具，初步构建了乡村规划与评估一体化技术体系，其创新点主要体现在：首先，可视景观模拟的去专业化以极低的使用门槛，使得不具备专业技术的参与者可以自主完成三维虚拟场景的设置，从而使各方参与者能够以更加便捷、直观

① Larcher F, Novelli S, Gullino P, et al. Planning Rural Landscapes: A Participatory Approach to Analyse Future Scenarios in Monferrato Astigiano, Piedmont, Italy[J]. Landscape Research, 2013, 38(6): 707-728.

② Speelman E N, García-Barrios L E, Groot J C J, et al. Gaming for smallholder participation in the design of more sustainable agricultural landscapes[J]. Agricultural Systems, 2014, 126(3): 62-75.

的方式完全融入乡村规划从历史追溯、需求分析、数据收集到方案优化及方案评审的全过程，以此来满足乡村景观规划对直观交流、交互式设计及方案快速制订的需求；其次，评估分析的即时性将科学分析结果的输出时长，缩短到了交互式规划过程中可接受的范围，使科学辅助手段可以作为交互的一方，以更为有效、高频的方式参与到交互过程中。

1.8.3 通过案例实践体现交互过程动态、集体、达成共识的特点

鉴于乡村景观规划实践意义的需求，本研究通过案例研究对基于多方参与的交互式乡村景观规划设计方法体系进行了表述，针对实际案例中在状态分析、问题辨识、矛盾解决和优化处理几个过程中对于迅速凝练过程信息、辨识和归纳多方观点、协调规划矛盾冲突、弥合学科间理解差异等的需求，分别通过交互参与、交互协作、交互协商、交互交往的方法，结合情景可视化技术、参与式评估技术、空间句法应用技术、扎根理论应用技术、景观特征评估技术等适用技术，完成了相应的历史景观演进研究、景观特征评估、公共空间选址、开放空间优化等不同阶段的规划过程。通过真实案例实践进行方法研究，本身也是体现交互过程动态、集体、形成共识的特点，是本研究的创新点之一。

第2章

交互式规划理论与方法研究

2.1 交互式规划的思想来源

"理性（Rationality）"是大多数规划范式研究的终极目标，在相当长一段时间内"理性规划"被认为是规划理论界的绝对主流思想（Healey[1]，2010；Afzalan[2]，2013）。"理性规划"随着社会民主（需求）的进步和科学技术（供给）的发展，其内涵和表现也在不断更新。现阶段，"交互式理性"被认为是未来主导规划思想界的主力（Tewdwrjones and Allmendinger[3]，1998；Healey[4]，2009；曹康和王晖[5]，2009）。

当下研究交互式规划的学者，出发点大都是源自Habermas[6]（1975）的"沟通行动理论"。沟通行动是行动者为了协调相互之间的行动而进行的行动，这种协调是行动者相互之间以语言为中介，通过相互沟通而达到的。也可以说，沟通行动是人们相互之间的一种运用语言进行沟通的行

---

[1] Healey P. Planning with Complexity：An Introduction to Collaborative Rationality for Public Policy[J]. Planning Theory & Practice，2010，11（4）：437-439.

[2] Afzalan N. Planning with Complexity：An Introduction to Collaborative Rationality for Public Policy by Judith E. Innes and David E. Booher[J]. Science & Public Policy，2013，40（6）：821-822.

[3] Tewdwrjones M，Allmendinger P. Deconstructing Communicative Rationality：A Critique of Habermasian Collaborative Planning[J]. Environment & Planning A，1998，30（11）：1975-1989.

[4] Healey P. Planning with Complexity：An Introduction to Collaborative Rationality for Public Policy[J]. Planning Theory & Practice，2010，11（4）：437-439.

[5] 曹康，王晖. 从工具理性到交往理性——现代城市规划思想内核与理论的变迁[J]. 城市规划，2009，33（9）：44-51.

[6] Habermas J. Towards a reconstruction of historical materialism[J]. Theory & Society，1975，2（3）：287-300.

动，是使用语言的行动，即言语行动（Mcintosh[①]，1994；曹昭[②]，2010）。这一理论在规划领域的出现和发展，意味着世界范围内推动"公众参与"在公共事务中的发展，已具备了相对成熟的理论框架基础。

2.1.1 理性规划的发展

"交互式规划（Communicative Planning）"可以认为是"理性规划（Rationality Planning）"不断进化的产物：王丰龙等[③]（2012）将近百年来西方城市规划思想的理性内核，分为了四次转变："经验理性（Empirical Rationality）""工具理性（Instrumental Rationality）""价值理性（Value Rationality）"和"沟通理性（Communicative Rationality）"。张庭伟[④]（2012）则将工具理性与价值理性共同归为了"倡导性规划（Advocacy Planning）"之中。

2.1.1.1 经验理性规划

在计量革命之前，经验理性长期占据了规划领域的主导思想（Nickles et al.[⑤]，2005）。这一时期被"乌托邦（Utopianism）"思想支持的规划权威（以建筑师为主体），通过其自身经验对理想的城市进行描绘。这些规划权威借助对其作品的设计展现，将自己的经验、价值观甚至对社会发展的愿景进行表达，这形成了规划"理想主义"的雏形。

由于所谓的理性主要是来自于规划师的个人经验，因此空想主义、

---

① Mcintosh D. Language，self，and lifeworld in Habermas's Theory of Communicative Action[J]. Theory & Society，1994，23（1）：1-33.

② 曹昭. 儒家角色伦理与哈贝马斯的沟通行动理论探析[J]. 前沿，2010（10）：66-69.

③ 王丰龙，刘云刚，陈倩敏，等. 范式沉浮——百年来西方城市规划理论体系的建构[J]. 国际城市规划，2012，27（1）：75-83.

④ 张庭伟. 梳理城市规划理论——城市规划作为一级学科的理论问题[J]. 城市规划，2012（4）：9-17.

⑤ Nickles M，Rovatsos M，Weiss G. Expectation-oriented modeling[J]. Engineering Applications of Artificial Intelligence，2005，18（8）：891-918.

个人英雄主义成为这个阶段"理性"的标签（Jackson[1]，1980；Mcleod[2]，1996；March[3]，2004）。经典案例包括以Howard的"田园城市"为代表的"社会乌托邦传统（Social Utopian）"，以L'Enfant的"华盛顿规划"为代表的"极权主义传统（Authoritarianism Tradition）"和以Le Corbusier的"光辉城"为代表的"技术乌托邦主义（Technocratic Utopian）"等。

2.1.1.2 工具理性规划

20世纪中叶，首先在自然科学界中爆发的计量革命，无可避免地影响了规划领域的发展。城市交通规划是规划领域最早引入量化分析手段的，而其高效、易操作、科学性高的特点，使其迅速蔓延到城市规划的各个领域（曹康和王晖[4]，2009）。在之后的很长一段时间内，在工具理性视角下，空间被当成可被规划工具处理的单一、综合、整体的物质实体，空间规划被视为达成决策目标所必需的一种手段，这种思想主导了20世纪50年代至70年代的城市规划理论界和实践界（Walliser[5]，1989）。

理性规划的核心出发点为规划结果的最优化和唯一性，规划者需要在信息标准化过程中寻找出所谓的最佳结果。但必须承认，工具理性使得规划的可分析性、可评估性和可操作性较之前有了较大幅度加强。但是，工具理性规划方法往往会使规划师对于数据和客观工具产生过分依赖，忽视了很多无法从数据上体现的内涵问题。鉴于此，在工具理性规划实践的鼎盛时期，已有学者开始对其进行反思，继而发展了"价值理性"。

---

① Jackson D E. L'Enfant's Washington: An Architect's View[J]. Records of the Columbia Historical Society Washington D C，1980（50）：398-420.

② Mcleod M. Precisions: On the Present State of Architecture and City Planning by Le Corbusier[J]. Journal of the Society of Architectural Historians，1996，55（1）：89-92.

③ March A. Democratic dilemmas，planning and Ebenezer Howard's garden city[J]. Planning Perspectives，2004，19（4）：409-433.

④ 曹康，王晖. 从工具理性到交往理性——现代城市规划思想内核与理论的变迁[J]. 城市规划，2009，33（9）：44-51.

⑤ Walliser B. Instrumental rationality and cognitive rationality[J]. Theory & Decision，1989，27（1-2）：7-36.

2.1.1.3 价值理性规划

对于工具理性的质疑，是伴随着Jacobs[①]（1971）对城市规划成果享用主体的批判性反思开始的。由此，更多的规划思想家开始逐渐转向对规划价值的判断。1960～1970年，民主意识的逐步抬头，使规划师开始更加关注规划和实施过程中利益相关者的参与，产生了诸如"参与式规划（Participatory Planning）""激进规划（Radical Planning）""平等规划（Equity Planning）"和"行动规划（Action Planning）"模型等（王丰龙等[②]，2012）。伴随着1980年西方的经济低迷和福利政策危机，城市规划理论中出现了相应的新自由主义学派，Logan and Crowder[③]（2010）进一步提出"政体（Regime）"理论和"规制（Regulation）"理论，这些都是典型的价值理性范式代表。

20世纪80年代前后，规划师开始明显更加关注对规划者角色、责任的讨论，规划的价值观被提高到一定高度。在价值理性规划框架下，规划被赋予了社会"治理（Governance）"的作用，是政策制定的民主过程。由此，西方规划理论界逐步兴起了多种以针对实际特定问题或目标为核心的导向型理论，如"问题导向（Problem-oriented）""目标导向（Object-oriented）"和"竞争力导向（Competition-oriented）"等。

2.1.1.4 交互理性规划

20世纪80年代后，伴随着全球化的推进，市民社会日益成熟，规划的可实施性成为人们关注的重点，民主参与规划的愿望极为强烈。在此背

---

① Jacobs P. Landscape Development in the Urban Fringe：A Case Study of the Site Planning Process[J]. Town Planning Review，1971，42（4）：342-360.

② 王丰龙，刘云刚，陈倩敏，等. 范式沉浮——百年来西方城市规划理论体系的建构[J]. 国际城市规划，2012，27（1）：75-83.

③ Logan J R，Crowder K D. Political Regimes and Suburban Growth，1980–1990[J]. City & Community，2010，1（1）：113-135.

景下，Habermas[①]（1975）的"沟通行动理论"、Giddens[②]（1976）的"结构化理论"相继出现，希望能够在多方共识的基础上，寻找到一种通过对话来进行规划的方法。

在Forester[③]（1987）、Healey[④]（1992）、Sager[⑤]（2002）等学者引领下，"交互式理性范式"的理论框架逐步建立起来（图2-1），规划师的角色也从之前的主导，转变为不同利益群体在规划过程中的协调者。

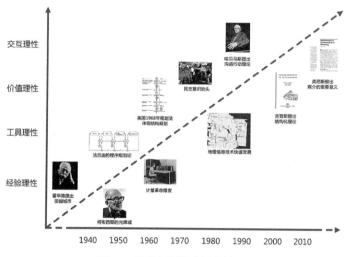

图2-1　理性规划演进历程简图

（笔者编绘）

Habermas认为，工具理性在实际操作中很容易被权利引导甚至控制，而交互行动通过相对公平、公正的语言环境，可以建立一套人们共同理

① Habermas J. Towards a reconstruction of historical materialism[J]. Theory & Society，1975，2（3）：287-300.

② Giddens A. Classical Social Theory and the Origins of Modern Sociology[J]. American Journal of Sociology，1976，81（4）：703-729.

③ Forester J. Planning in the Face of Conflict：Negotiation and Mediation Strategies in local Land Use Regulation[J]. Journal of the American Planning Association，1987，53（3）：303-314.

④ Healey P. Planning through debate：The communicative turn in planning theory[J]. Town Planning Review，1992，63（2）：143-162.

⑤ Sager T. Deliberative Planning and Decision Making：An Impossibility Result[J]. Journal of Planning Education & Research，2002，21（4）：367-378.

解并遵守的规则。Forester[1]（1994）认为虽然会受政治社会的影响和牵制，但规划的根本是为了人民，因此规划师需要尽力沟通处于不同生态位的群体，尤其是促进弱势群体的参与，避免由于沟通不畅导致的交互失败。Innes[2]（1996）认为交互实践中信息产生以及共识达成的过程，是交互成功的关键。各类理性规划理论对比如表2-1所示。

各类理性规划理论对比 　　　　　　　　　　　　　　　　表2-1

理性类型 Various Rationalities	主要特征 Main Characters	代表人物 Typical Representatives
经验理性 Empirical Rationality	以权威建筑师(规划师)的思想及经典案例为模板，形制和方法相似度高	Abercrombie P； Howard E； Keeble L； Le Cobusier
工具理性 Instrumental Rationality	以计量革命为基础，主要以数据系统分析为规划提供依据，具有相对严格的程序规定	Faludi A； Lindblom C； Mcloughlin B； Meyerson M
价值理性 Value Rationality	不拘泥于经验与过程，但以相对统一的结果标准进行规划为导向	Davidoff P； Etzioni O； Fainstein S； Flyvbjerg B
交互理性 Communicative Rationality	强调通过平等关注人与人之间、人与媒介间的互动，以维持内部批判的民主力量，去抗拒"单一维度"控制	Forester J； Healey P； Innes J； Sandercock I

（笔者整理）

2.1.2 对完全理性规划的批判

完全理性规划论主要来源于以工具理性为思想指导的决策理论，这与

---

① Forester J. Bridging Interests and Community：Advocacy Planning and the Challenges of Deliberative Democracy[J]. Journal of the American Planning Association，1994，60（2）：153-158.

② Innes J E. Planning Through Consensus Building：A New View of the Comprehensive Planning Ideal[J]. Journal of the American Planning Association，1996，62（4）：460-472.

当时西方社会两个最重要的时代背景有关（李强等[①]，2003；丁宇[②]，2005；Healey[③]，2010）：其一，在国家政治追求民主的情况下，政府在管理、决策过程中更加注重多方参与合作，而技术专家的建议在政府管理国家事务的各个方面也开始发挥更为重要的作用；其二，技术的不断进步，让很多决策者和学者认为决策过程同样可以应用纯科学研究的方法解决，也对这一时期的理性规划视角发展产生了重要影响。

这一时期的规划是作为"纯科学"出现在公共视野中的。规划师利用专业化的科学知识，按固定的步骤制定规划方案，再把经科学分析的方案提供给决策者选择。价值中立、不带任何偏见的、不对特定的社会阶层负责是这一时期对于规划师的要求（毛璐等[④]，2008）。作为"技术专家"的规划师甚至被认为可以代表"公共利益"。

但在进入1960年后，西方社会言论自由运动、民权运动的高涨，使整个社会权力组织形式都受到了冲击。以计量科学为基础的完全理性规划思想也开始受到质疑，许多规划师对之前所推崇的自上而下（Top-to-Down）的规划表示出不信任（童明[⑤]，1998；张磊[⑥]，2013）。完全理性通过客观公正的工具来增强规划科学性的出发点是好的，但业界逐步地把本来只是作为辅助手段的工具理性变为了不可动摇的程序甚至是目的，反而丧失了最初目的。对形式逻辑、科学准则的过分尊崇，势必伴随着个体价值、伦理道德等隐形理性或非理性的边缘化。严格地说，完全理性规划只是一种空想的极端场景，是无法实施的，对于完全理性规划的批判主要集

① 李强，张鲸，杨开忠. 理性的综合城市规划模式在西方的百年历程[J]. 城市规划学刊，2003（6）：76-80.

② 丁宇. 西方现代城市规划中理性规划的发展脉络[J]. 规划师，2005，21（1）：104-107.

③ Healey P. Planning with Complexity: An Introduction to Collaborative Rationality for Public Policy[J]. Planning Theory & Practice, 2010, 11（4）: 437-439.

④ 毛璐，汪应宏，张建. 基于倡导性规划理论的土地利用总体规划公众参与机制研究[J]. 国土资源科技管理，2008，25（4）：36-40.

⑤ 童明. 现代城市规划中的理性主义[J]. 城市规划学刊，1998（1）：3-7.

⑥ 张磊. 理性主义与城市规划评估方法的演进分析[J]. 城市发展研究，2013，20（2）：12-17.

中在以下几个方面。

2.1.2.1 对完全理性规划出发点的批判

完全理性规划思考过程和最后的决策往往由少数专家掌控，人们一厢情愿地认为，专业人士掌握着普世理性工具和科学真理，民众只是被规划、被支配的客体对象而已。因此，这种规划容不得公众的挑战，因为他们认为公众没有能力知道他们需要什么，只有专家知道他们需要什么（曹康和王晖[1]，2009）。

完全理性规划将科学的信息分析看作决策的目的，而不是手段，完全忽略了计划作为政治过程的一个特征。它过于注重规划的"工具理性（科学性）"，模糊了规划的"价值理性（社会性）"，满足了抽象的"公共利益"，客观上避免了规划对公众特别是弱势群体的服务承诺（张庭伟[2]，2006）。对规划合理性的讨论，通常只是停留在对"科学方法"的建立满意的基础上，而不是真正的落实。在理性的表象下，完全理性规划很可能已成为官僚机构的技术工具（Healey[3]，2010）。它将政府主导的规划视为公共利益的反映，而公众只是一个同质化和同质化的原子。

2.1.2.2 对完全理性规划价值观的批判

完全理性规划自认为是在绝对理性、客观地去认知规划区域，通过量化的规划和目标实施行动是其最高真理和原则。标准化、规格化、快速化、机械化的规划过程完全是物质功利主义式思维，并没有去关注对人性层面、文化层面的需求。今天在我们看来，这样的模式当然并未以人为本，脱离了规划的初衷。

---

① 曹康，王晖. 从工具理性到交往理性——现代城市规划思想内核与理论的变迁[J]. 城市规划，2009，33（9）：44-51.

② 张庭伟. 规划理论作为一种制度创新——论规划理论的多向性和理论发展轨迹的非线性[J]. 城市规划，2006（8）：9-18.

③ Healey P. Planning with Complexity：An Introduction to Collaborative Rationality for Public Policy[J]. Planning Theory & Practice，2010，11（4）：437-439.

完全理性规划背后是一种"自上而下"单向度的和"由强对弱"支配性的理性，它用独断式的、强迫性的做法，试图要求民众接受官方和专家所认定的单一真理（Forester[①]，1980；Healey[②]，1997）。基本上，公众只是作为"被规划者"，他们才是实际生活的"参与者"，是有想法、有价值观的主体，而非有待被安排、被支配的物体，这一点一直被忽视。因此，这种在工具理性引领下的规划，其价值观和思维模式必须得到反思。

2.1.2.3 对完全理性规划可行性的批判

首先，满足所有人的共同的价值观在现实世界并不存在。科学技术也不可能支持通过客观技术工具来理解所有人的价值观和偏好，尤其是那些来自相互冲突的群体和个人表达的难以比较和量化的信息（Amdam[③]，1997）。

此外，即使规划的过程完全理性，但往往决定规划实施与否的政治家的决策却并不理性，而是基于某种政治诉求。因此，即使规划结果是所谓完全合理的，规划过程结束时决定规划是否实施的决策者也会因受到其职业背景、个人价值观、利益群体等因素的影响，从而极大地影响规划的实施，使理性规划的意义降低。

2.1.2.4 理性规划的出路

通过上述讨论，我们只是希望充分指出完全理性规划因受制于其出发点、价值观和可行性，具有明显的局限性。规划不只是一系列理性要素的堆积过程。盲目追求单一规划标准的绝对最优化，再加之对应的工具手段相对于民众的黑箱性质，会导致掌权者对于工具的扩大化使用，甚至滥用。

---

① Forester J. What Do Planning Analysts Do？ Planning and Policy Analysisas Organizing[J]. Policy Studies Journal，1980，9（4）：595-604.

② Healey P. Collaborative planning：Shaping places in fragmented societies[M]. Vancouver：UBC Press，1997.

③ Amdam R. Empowerment planning in local communities：Some experiences from combining communicative and instrumental rationality in local planning in Norway[J]. International Planning Studies，1997，2（3）：329-345.

无论针对何种任务的规划，各方要进行有效沟通，需要满足一定的条件，即沟通的"有效性要求"：可理解性要求、真实性要求、正当性要求和真诚性要求。Habermas[1]（1975）提出了基于沟通理性的"沟通行动理论（Communication Action Theory）"，为实际的规划设计与评价提供了检验与衡量的标准，它对交互式规划来说在哲学理念和实践论方面都具有积极而正面的建设性，通过更本质的沟通理性手段、更深刻的知识建构方法及平等的思维模式，引导我们的规划从"经验理性""工具理性""价值理性"向"交互理性"演进。

2.1.3 通过沟通进行规划

沟通行动理论框架发展的一个起点是认识到本土知识的重要性，并寻求与社区发展伙伴关系的方法。这种思维本身就是一种关键性的变化，因为它挑战了现有的、根深蒂固的关于"科学知识优越性"的假设。这种挑战是在承认知识构建结构条件的同时，尝试和发展更广泛主体间的理解。Agrawal[2]（1995）指出，虽然在本土知识的研究中，边缘化群体的赋权是一个反复出现的主题，但其倡导者很少强调"现有权力关系的重大转变对发展至关重要"。因此，有必要发展设计与开发能够促进不同形式知识和实践的相互分享，并寻求创造有效沟通条件的交互式规划理论。

沟通通常是基于技术知识本体的理性观点，包括社会技术方法和社会观点。例如，用户参与社会技术方法的重要性主要在于其目的性的合理性。但这种参与的性质和范围没有考虑到用户的实际知识，也没有为开发组和用户之间的"开放和形成的辩论"提供机会。Habermas[3]（1975）的理

---

① Habermas J. Towards a reconstruction of historical materialism[J]. Theory & Society，1975，2（3）：287-300.

② Agrawal A . Dismantling the Divide Between Indigenous and Scientific Knowledge[J]. Development & Change，1995，26（3）：413-439.

③ Habermas J. Towards a reconstruction of historical materialism[J]. Theory & Society，1975，2（3）：287-300.

想语言情境（IDS）提供了一个关键的概念视角，他强调需要通过参与性过程来发展沟通行为，特别是关注可以进行沟通的条件和程序。根据这些概念，Hirschheim 和 Klein[①] 描述了在系统开发环境中培养交际行为的四组条件：

- 为所有与会者提供平等的机会，提出问题、观点和与其他观点相反的观点，从而将感知到的分歧列入公开讨论议程；
- 所有参与方在给予或拒绝命令方面处于平等地位，坚持通过必须提供的澄清加深理解，目的是在参与方之间分散不对称的权利分配；
- 所有交互主体应有机会质疑所提议行动的明确性、准确性、诚意和社会责任，以检验"事实、工具和规范性主张"的合法性和正确性；
- 所有参加者都有平等的机会表达怀疑或担忧的感觉，目的是暴露操纵的意图、别有用心等，并确保也能听到缺乏表达方式的成员的声音。

2.2 沟通行动理论下的规划

沟通行动理论认为，以主体为中心的理性，源自主体对客观自然世界认知的能力，是建立在人作为经验主体对物质客体的一种静态的、单向的、支配性的关系上的。在社会和生活中实践的理性，是必须建立在人与人之间、团体与团体之间相互理解之上的。沟通行动理论下的规划有以下特征。

2.2.1 相互理解是交互规划的基础

交互的过程不仅仅生产出物质资本，还积累社会资本，即形成共识的社会组织能力，它增加了社区的自我组织性和自律性，使之可以更加有效

---

① Hirschheim R，Klein H. Realizing Emancipatory Principles in Information Systems Development：The Case for ETHICS[J]. Mis Quarterly，1994，18（1）：83-109.

率地应对未来复杂而不可知的变化。因此，公众通过交互进行学习是规划的重要内容和形式（龙元[①]，2004）。

规划在进行交互的行动时，因各方的不同背景，而有不同的共识。当不同的共识形成冲突时，必须在预设理性共识是可以达到的前提下，交互各方"理想的交互情境"并进行"反复性辩论"，使其在互相辩论中消除歧见，达成新的一致性的意见和共识（Giddens[②]，2010）。而人的交互行动一旦发动，与他人交互时，必须要设法满足可理解性、真实性、真诚性和贴切性四种要求，才是具备了良好的交互能力。话语和对话参与必须是真实的、开放的、包容性的和平等的。所有人无论其阶级、性别、种族、宗教、年龄、教育程度还是其他身份有何差异，都应当被鼓励参与到规划过程中。这样就赋予少数派、有反对意见但难以迅速阐述的，以及缺少辩论技巧的人以更多的影响力（权力）。

2.2.2 规划主体间通过媒介进行交互

"媒介"是使行动者各方对规划对象，乃至对各方互相理解的工具，而相互理解是交互行动的核心任务（曹康和吴殿廷[③]，2007）。多方参与的规划，需要满足交互的"有效性要求"，Habermas[④]（1970）把这种可以达成有效交互的"媒介"称为"理想语境"。

Forester[⑤]（1994）认为交互行动之所以成为可能，是以语言作为中介，将说话者隐藏的意义做一个假设性的重建，进而形成一种共识。交互主题

---

① 龙元. 交往型规划与公众参与[J]. 城市规划，2004，28（1）：73-78.
② Giddens A. Affluence，Poverty and the Idea of a Post-Scarcity Society[J]. Development & Change，2010，27（2）：365-377.
③ 曹康，吴殿廷. 规划理论二分法中的本体理论和程序理论[J]. 城市问题，2007（8）：2-6.
④ Habermas J. Towards a theory of communicative competence[J]. Inquiry，1970，13（1-4）：360-375.
⑤ Forester J. Bridging Interests and Community：Advocacy Planning and the Challenges of Deliberative Democracy[J]. Journal of the American Planning Association，1994，60（2）：153-158.

有所交集，才能达成有效交互的结果。规划中，交互最主要的目的是取决于双方对交互的态度，而不完全在于双方或一方的交互技巧。

2.2.3 交互是新知识产生的重要途径

规划本身就是沟通规划参与者不同观点的一座桥梁（Hage et al.[1]，2010；Fagerholm et al.[2]，2012；O'Brien et al.[3]，2013），各方参与者自身的利益也必须经由有效交互之后才能最终被互相认同。实际操作层面上，规划就是一个多方博弈的过程，各方参与者通过对各自规划意图的不断修正，而产生一个相对满足化的结果（Dolfini and Testa[4]，2010）。

在上述规划或者博弈过程中，由于各相关主体或团体都在因为交互信息的交换而修订、完善、补充自身的规划意图，使之逐步趋向于合理和可操作，这其实就是一种自我学习。而在多方各自自我学习的交互过程中，势必会产生影响最终规划结果的新知识、新信息。而规划的最终结果，往往就是以这些新产生的知识为基础的。从上面寻求共识的交互规划中可知，参与者相互合作安排任务和提出目标，向所有人摆明各自的利益，分享对问题的理解，就他们需要行动的事情达成协议，并按协议去完成一连串的行动和任务。

① Hage M，Leroy P，Petersen A C. Stakeholder participation in environmental knowledge production[J]. Futures，2010，42（3）：254-264.

② Fagerholm N，Käyhkö N，Ndumbaro F，et al. Community stakeholders' knowledge in landscape assessments – Mapping indicators for landscape services[J]. Ecological Indicators，2012（18）：421-433.

③ O'Brien L，Marzano M，White R M. "Participatory interdisciplinarity"：Towards the integration of disciplinary diversity with stakeholder engagement for new models of knowledge production[J]. Science & Public Policy，2013，40（1）：51-61.

④ Dolfini E，Testa R. Integrating Knowledge through Information Trading：Examining the Relationship between Boundary Spanning Communication and Individual Performance[J]. Decision Sciences，2010，34（2）：261-286.

2.3 交互式规划理论体系

2.3.1 交互式规划理论的发展

自20世纪70年代来，在交互理性的基础上，公众参与、交互倡导等实践行动在客观上不断推动着规划理论的发展。在主导规划理论发展的西方社会，由于政治、经济和种族等原因日益分化，使得规划师的规划技能甚至角色定位都受到了挑战。在理论基础和现实问题的双重冲击下，规划理论有了进一步的发展（龙元[①]，2004；王丰龙等[②]，2012；袁媛等[③]，2016）。

交互式规划理论和方法论并不是一蹴而就的，而是人们从各种批评和实践中不断学习、逐步演进形成的：它经历了1970年的兴起和快速发展时期，也经历了1980年来自各方的批评与反思以及1990年至今的重新蓬勃发展时期。交互式规划理论的发展与其他许多理论一样，其理论论述在一段时间里远远超过参与实践的行动。

现阶段，规划学界相对认可的交互式规划理论基础起源于1979年德国社会哲学家Habermas提出的"交互（沟通）理性（Communicative Rationality）"，他认为理性不仅是主体与客体各自的理性，还意味着主体间（Inter subjectivity）的理性，主张以"实践理性"来替代"先验理性"。在此基础上，他提出了"沟通语用学（Communicative Pragmatics）"和"话语伦理学（Discourse Ethics）"，认为沟通行为是指多主体通过语言进行交互而达成一致的行动。

[①] 龙元. 交往型规划与公众参与[J]. 城市规划，2004，28（1）：73-78.

[②] 王丰龙，刘云刚，陈倩敏，等. 范式沉浮——百年来西方城市规划理论体系的建构[J]. 国际城市规划，2012，27（1）：75-83.

[③] 袁媛，蒋珊红，刘菁. 国外沟通和协作式规划近15年研究进展——基于Citespace Ⅲ软件的可视化分析[J]. 现代城市研究，2016（12）：42-50.

而为实现交互行为的目标，即达成相互理解并形成合意（Consensus），必须确立一些基本原则，以使所有受决策影响的个人或群体代表都能平等地参加决策过程，并且能够不受任何预设影响自由地表达自己的意见，而最终影响决策。

在共同行动理论框架下，衍生了多个与交互式规划（Communicative Planning）同源的概念与模型（袁媛等[1]，2016），例如：交往式规划（Transactive Planning）（如Freidmann[2]，1973；Nguyen et al.[3]，2016）、参与式规划（Participatory Planning）（如Forester[4]，1987；Innes[5]，1998）、通过辩论做规划（Planning through Debate）（如Healey[6]，1992）、辩论规划（Argumentative Planning）（如Fischer et al.[7]，1993）、建立共识（Consensus-building）（如Innes[8]，1996；Feick and Hall[9]，1996）、协作式规划（Collaborative

① 袁媛，蒋珊红，刘菁. 国外沟通和协作式规划近15年研究进展——基于Citespace Ⅲ软件的可视化分析[J]. 现代城市研究，2016（12）：42-50.

② Friedmann J. A Response to Altshuler：Comprehensive Planning as a Process[J]. A Reader in Planning Theory，1973，31（3）：211-215.

③ Nguyen D，Imamura F，Iuchi K. Disaster Management in Coastal Tourism Destinations：The Case for Transactive Planning and Social Learning[J]. International Review for Spatial Planning & Sustainable Development，2016，4（2）：3-17.

④ Forester J. Planning in the Face of Conflict：Negotiation and Mediation Strategies in local Land Use Regulation[J]. Journal of the American Planning Association，1987，53（3）：303-314.

⑤ Innes J E. Information on communicative planning. J Am Plan[J]. Journal of the American Planning Association，1998，64（1）：52-63.

⑥ Healey P. Planning through debate：the communicative turn in planning theory[J]. Town Planning Review，1992，63（2）：143-162.

⑦ Fischer F，Forester J，Hajer M A，et al. The Argumentative Turn in Policy Analysis and Planning[J]. American Political Science Review，1993，89（1）：327-203.

⑧ Innes J E. Planning Through Consensus Building：A New View of the Comprehensive Planning Ideal[J]. Journal of the American Planning Association，1996，62（4）：460-472.

⑨ Feick R D，Hall B G. Consensus-building in a multi-participant spatial decision support system[J]. Urisa Journal，1996，11（2）：17-23.

Planning）（如 Healey[①]，1997；Dudek and Stadtler[②]，2007）、论述式规划（如 The Discourse Model of Planning）（如 Adams[③]，2000）、协商规划（Deliberative Planning）（如 Forester[④]，1994；Sager[⑤]，2002）等。

需要说明的是，规划界对于同源于交互式规划理论的各个规划流派和思想并没有明确并公认的划分标准。以往对源于交互式规划各类规划流派和范式的划分，更多是从互动参与的程度、层次、互动类型（Pretty[⑥]，1995）入手的，较少针对规划不同阶段、不同类型参与者所导致的交互在信息条件和动态过程中的特征进行细致甄别。本研究参考各规划流派方法应用案例中，较多采用的规划参与者类型、沟通方式、赋权方式、规划信息和适用技术，对几种主流的交互式规划理论进行梳理（表2-2）。

主要交互式规划理论特征对比　　　　　　　　　　表2-2

理论 Therories	主要特征 Main Characters
交往式规划 Transactive planning	强调参与主体的多元性和平等性，规划师角色需要转变，规划师需要具有包容、接受多源价值观的能力
参与式规划 Participatory Planning	参与式规划的概念应用相对最为广泛，其强调规划面向公共利益，通过多方参与、协商来协调各方利益，为公众参与提供了一条途径
辩论规划 Argumentative Planning	强调信息交互的及时性，通过现场的讨论、信息反馈和协调进行意见协调

---

① Healey P. Collaborative planning: Shaping places in fragmented societies[M]. Vancouver: UBC Press，1997.

② Dudek G，Stadtler H. Negotiation-based collaborative planning between supply chains partners[J]. European Journal of Operational Research，2007，163（3）: 668-687.

③ Adams D. Extending educational planning discourse: A new strategic planning model[J]. Asia Pacific Education Review，2000，1（1）: 31-45.

④ Forester J. Bridging Interests and Community: Advocacy Planning and the Challenges of Deliberative Democracy[J]. Journal of the American Planning Association，1994，60（2）: 153-158.

⑤ Sager T. Deliberative Planning and Decision Making: An Impossibility Result[J]. Journal of Planning Education & Research，2002，21（4）: 367-378.

⑥ Pretty J N. Participatory learning for sustainable agriculture[J]. World Development，1995，23（8）: 1247-1263.

理论 Theories	主要特征 Main Characters
建立共识 Consensus-building	强调交互式规划时间中信息的生成和共识的建立，注重利益主体的多样性和独立性，规划师作为推动者和合作者
协作式规划 Collaborative Planning	通过沟通实现认识和行动协作，注重地方性的知识积累，强调对于信息广泛度和代表性的关注
论述式规划 Discourse model of Planning	利益相关者通过各自独立地表达论述得到规划信息，再由规划师、协调者总结凝练后反馈给信息提供者，如此反复、循环
协商式规划 Deliberative Planning	强调规划师并非权威的问题解决者，而是公共注意力的组织者（或干预者），强调倾听和调节的作用

（笔者整理）

2.3.2 参与式规划理论

参与式规划（Participatory Planning）通过关注公平和社会权利分布，强调规划从"为人的规划"走向"与人的规划"。在具体执行过程中，参与可以定义为通过语言来谈论对某一话题（如历史景观演进）的认知。在这样的辩论和讨论下，不断发掘、解决矛盾，形成共识。在参与式规划中，简单的语言往往比技术数据更能使政策和建议的含义得到理解。参与式规划是通过人与人之间的对话和相互作用使不同利益相关者的需求和信息提供者的有效信息资源得以明晰。

参与式规划通常应用在整体认知层次相近的人群之中，大多数是在同一利益相关者群体内部（Richards et al.[1]，2014；张立文和杨文挹[2]，2017）；规划的过程中并未给出明确的具体目标导向，大家各抒己见，并逐步趋

---

[1] Richards M，Davies J，Yaron G，et al. Stakeholder incentives in participatory forest management：a manual for economic analysis[J]. Ecological Economics，2004，50（1）：160-161.

[2] 张立文，杨文挹. 沟通式规划在义乌社区提升规划中的实践[J]. 规划师，2017，33（8）：118-122.

合，这个过程是沟通的关键（Sager[①]，2009；曹轶和魏建平[②]，2010）；由于参与群体的相对单一性，参与过程中，规划者大部分的时间都用在没有知识壁垒的对话和交流上，使信息、知识和行动之间发生直接对应的关系（Innes[③]，1998）。在这个过程中，提供的信息有可能会出现过于发散的情形，因此通过可视化技术手段迅速规划多方信息，并固化成间断性成果，避免"无效的沟通"是如今研究的重点（胥明明[④]，2012；张晓彤等[⑤]，2017）。

本研究第4章将以贵州省贞丰县对门山村为例，开展基于交互参与方法的历史景观演进案例研究。

2.3.3 协作式规划理论

协作式规划（Collaborative Planning）主要针对发生在复杂、动态环境中的预期判断，是参与者对可影响他们共同利益的行动取得一致意见的过程，其目的是通过迭代式信息互动来更新讨论的见解，通过各种群体间开放的（Open）、反身的（Reflexive）交互和基于对可获取信息的辩论来接近"真实（Truths）"和实现"价值（Values）"，并促进"交互的学习（Mutual learning）"（王丰龙等[⑥]，2012）。

协作式规划的参与者来源通常比较多样，代表更为广泛的利益群

① Sager T. Deliberative Planning and Decision Making：An Impossibility Result[J]. Journal of Planning Education & Research，2009，21（4）：367-378.

② 曹轶，魏建平. 沟通式规划理论在新时期村庄规划中的应用探索[J]. 规划师，2010（s2）：229-232.

③ Innes J E. Information in Communicative Planning[J]. Journal of the American Planning Association，1998，64（1）：52-63.

④ 胥明明. 沟通式规划在玉树地震灾后重建中的应用研究[D]. 北京：中国城市规划设计研究院，2012.

⑤ 张晓彤，段进明，宇林军，等. 基于三维电子沙盘的参与式乡村历史景观评估：以贵州省对门山村为例[J]. 中国生态农业学报，2017，25（10）：1403-1412.

⑥ 王丰龙，刘云刚，陈倩敏，等. 范式沉浮——百年来西方城市规划理论体系的建构[J]. 国际城市规划，2012，27（1）：75-83.

体（Chung and Leung[①]，2005）；但参与者间更多的是"协作促进"关系，"矛盾冲突"较少（Ren et al.[②]，2006；Lees et al.[③]，2008；王婷和余丹丹[④]，2012）；与其他规划范式关注于解决矛盾不同，协作式规划更加关注如何将不同层次、不同出发点的参与者可能提出的多样性信息进行凝练（秦波和朱巍[⑤]，2017），以达到提供明晰的、可共享的（阶段性）规划成果，促进多方交互学习（Margerum[⑥]，2002）。

本研究第5章将以浙江省宁海县强蛟镇为例，开展基于交互协作方法的景观特征评估案例研究。

2.3.4 协商式规划理论

协商式规划（Deliberative Planning）强调规划师并非权威的问题解决者，而是公共注意力的组织者（或干预者），强调倾听和调节的作用，个人与他人或团体的利益一旦相互关联，发生意见调整、交涉和渗透，事先固定的观念也随之改变而孕育出新的构想。因此，相互作用并非简单的意见和利益交换，而是通过相互理解和共同学习使各参加者的观念、态度、

---

① Chung W W C，Leung S W F. Collaborative planning，forecasting and replenishment：a case study in copper clad laminate industry[J]. Production Planning & Control，2005，16（6）：563-574.

② Ren Z，Anumba C J，Hassan T M，et al. Collaborative project planning：a case study of seismic risk analysis using an e-engineering hub[J]. Computers in Industry，2006，57（3）：218-230.

③ Lees E，Salvesen D，Shay E. Collaborative school planning and active schools：a case study of Lee County，Florida[J]. Journal of Health Politics Policy & Law，2008，33（3）：595.

④ 王婷，余丹丹. 边缘社区更新的协作式规划路径——中国"城中村"改造与法国"ZUS"复兴比较研究[J]. 规划师，2012，28（2）：81-85.

⑤ 秦波，朱巍. 协作式规划的实施路径探讨——以某市产业园规划修编为例[J]. 城市规划，2017，41（10）：109-113.

⑥ Margerum R D. Evaluating Collaborative Planning：Implications from an Empirical Analysis of Growth Management[J]. Journal of the American Planning Association，2002，68（2）：179-193.

利益相对化和再构筑的过程（Sager[1]，2002；温雅[2]，2010）。

协商式规划往往适用于可能产生矛盾最为突出的利益群体，如政府、开发商和当地居民（Laurian[3]，2007；罗罡辉等[4]，2013）；针对明确的规划对象，从不同的角度出发，利益相关方间经常会产生难于协调的问题（Hopkins[5]，2010；戈冰等[6]，2015；张晓苪等[7]，2017）；协商式规划中所产生的焦点矛盾往往同时涉及合情、合理、合法的方面，因此需要在规划过程中实时体现出对规划目标的理性分析和法律边界，尽量使协商内容保持在合理合法的框架内（Meyer and Hendricks[8]，2018）。

本研究第6章将以浙江省宁海县下畈村为例，开展基于交互协商方法的公共空间选址案例研究。

2.3.5　交往式规划理论

交往式规划（Transactive Planning）是在多元主义思想下产生并发展

① Sager T. Deliberative Planning and Decision Making：An Impossibility Result[J]. Journal of Planning Education & Research，2002，21（4）：367-378.

② 温雅. 基于市民社会的协商式规划体系的构建[C]//规划创新：2010中国城市规划年会论文集. 中国城市规划年会，2010.

③ Laurian L. Deliberative Planning through Citizen Advisory Boards：Five Case Studies from Military and Civilian Environmental Cleanups[J]. Journal of Planning Education & Research，2007，26（4）：415-434.

④ 罗罡辉，李贵才，徐雅莉. 面向实施的权益协商式规划初探——以深圳市城市发展单元规划为例[J]. 城市规划，2013（2）：79-84.

⑤ Hopkins D. The emancipatory limits of participation in planning：Equity and power in deliberative plan-making in Perth，Western Australia[J]. Town Planning Review，2010，81（1）：55-81.

⑥ 戈冰，苏茜茜，黄颖. 协商式规划在社区发展规划中的运用——以宝安区三个社区发展规划研究为例[C]//中国城市规划年会. 2015.

⑦ 张晓苪，孙晓敏，刘珺. 面向开发实施的协商式规划探索——以上海九星市场更新改造为例[J]. 城市规划学刊，2017（z2）：217-221.

⑧ Meyer M A，Hendricks M D. Using Photography to Assess Housing Damage and Rebuilding Progress for Disaster Recovery Planning[J]. Journal of the American Planning Association，2018，84（2）：127-144.

的，其规划结果产生过程中集体参与者有意识地、持续地互动，并在真诚和适宜的对话过程中，实现互相学习。交往式规划有助于各利益相关者间的相互理解，有益于交叉学科的合作、共享。其强调行为标准的一致性，避免了理性规划理论中，由于理念的不同形成差异化的认识，导致追求不同的方法和不同的结果。交往式规划是多学科间寻求共识的互动过程，参与到这个过程中的学科必然有各自关注的特定目标和兴趣点，通过不断地提供规划条件和理解其他学科的诉求而寻找共同或妥协的目标。

交往式规划往往发生在相对理性的群体（如不同学科学者）间（Friedmann[①]，1973；张凤荣[②]，2018），其矛盾的核心多源于自身知识结构和背景不同而产生差异性观点，而不仅是自身利益诉求。因此，交往式规划的核心难点在于多方所需信息的差异性，以及表达形式的可接受度，应用提升能够满足各方信息接收和表达需求，使各方产生共鸣且获得相对一致理解的信息工具是提高交往式规划的关键技术瓶颈（Nguyen et al.[③]，2016）。

本研究第7章，将以浙江省奉化区大堰镇为例，开展基于交互交往方法的开放空间优化案例研究。

四种交互式规划方法差异辨析见表2-3。

四种交互式规划方法差异辨析   表2-3

	规划参与者 Participants	规划焦点矛盾 Focus contradiction	规划信息 Information	适用技术 Applicable technology
参与式规划 Participatory Planning	认知层次和知识结构相对一致	规划的过程并非目标导向，各方各抒己见式地发表各自的意见	知识壁垒和障碍较少，需要及时归纳总结，避免无限度发散	通过可视化技术手段迅速凝练规划的多方信息，并固化成间断性成果

① Friedmann J. Retracking America：A Theory of Transactive Planning[J]. Parasite Immunology，1973，29（2）：93–100.

② 张凤荣. 多学科多尺度的村庄发展规划研究——《生态理念下的村庄发展与规划研究》书评[J]. 地理与地理信息科学，2018（1）：31-31.

③ Nguyen D，Imamura F，Iuchi K. Disaster Management in Coastal Tourism Destinations：The Case for Transactive Planning and Social Learning[J]. International Review for Spatial Planning & Sustainable Development，2016，4（2）：3-17.

	规划参与者 Participants	规划焦点矛盾 Focus contradiction	规划信息 Information	适用技术 Applicable technology
协作式规划 Collaborative Planning	参与者来源通常比较多样，会代表更为广泛的利益群体	参与者间更多是"协作促进"关系，"矛盾冲突"较少	信息来源可能较为分散，需要将不同类型的信息整合	实时提供明晰的、可共享的(阶段性)规划成果，促进多方交互学习
协商式规划 Deliberative Planning	适用于可能产生矛盾最为突出的利益群体	针对明确的规划对象，从切身需求出发，会产生棘手、激烈的矛盾冲突	激烈的协商可能会导致对边界条件信息的忽视，降低效率	在规划过程中实时体现出对规划目标的理性分析和法律边界，尽量使协商内容保持在合理合法的框架内
交往式规划 Transactive Planning	发生在相对理性的群体(如不同学科学者)间	多源于自身知识结构和背景不同而产生的差异性观点	多方在知识背景层次上会产生差异化信息，需提高相互接受程度	提升能够满足各方信息接收和表达需求，并能在各方产生共鸣且获得相对一致理解的信息工具

（笔者整理）

2.3.6 交互式规划的发展方向

我们从上文的论述中可以发现，交互式规划理论与应用最广的参与式理论概念是同源且相似的（Jacobson[1]，2003；Kemmis and Mctaggart[2]，2005；Joseph and Andrew[3]，2008）。整理上述观点后，从不同方面，我们可以勾勒出参与式规划和交互式规划所共有的一些特征，尤其是通过与完全理性规划论的比较，这些特征就更为明显（表2-4）。基本可以断定，参与式规划是小尺度（在私有领域和公共圈紧密衔接的空间尺度）规划的发

① Jacobson T L. Participatory Communication for Social Change：The Relevance of the Theory of Communicative Action[J]. Communication Yearbook，2003，27（1）：87-123.

② Kemmis S，Mctaggart R. Participatory Action Research：Communicative Action and the Public Sphere[J]. Sage Handbook of Qualitative Research，2005：559-603.

③ Joseph M K，Andrew T N. Participatory approaches for the development and use of Information and Communication Technologies（ICTS）for rural farmers[C]// IEEE International Symposium on Technology & Society. 2008.

展方向，其核心价值取向包括：

- 从决策者和规划师的精英规划转变成普通公众（包括当地居民）的规划；
- 规划的作用从工具理性的作用转变到公共事务中组织群众、社会学习、协调不同利益相关者的作用；
- 用赋权、透明和治理的新理念取代僵化的中心化规划；
- 规划师由客观、中立的完全理性规划师变为规划的沟通者、协调员和主持人；
- 规划过程重要的检验和衡量标准是"理想语境"的设立。

参与式规划与交互式规划的对比　　　　　　　　　表2-4

	参与式规划 Particitatory Planning	交互式规划 Communicative Planning
规划主体 Subject	主体间的交互，客体作为某一主体的附属，相对游离在交互沟通外	主体和作为新型媒介的客体共同出现在规划的不同环节中
理性类别 Category	沟通理性为主，辅助以工具理性	沟通理性与工具理性等同重要
交互过程 Process	提倡公众尽早、全程介入	根据规划过程中的不同阶段，选择相应的主体、交互方式和技术
分析模式 Analysis Pattern	对话有效性	交互有效性
控制媒介 Control the Media	语言	突破语言限制，尽可能地使用一切有利于沟通的手段
动作方向 Actuating Direction	自下而上	自下而上+自上而下
规划者职责 Responsibility of Planner	直接参与决策，与参与者一起规划	还需要成为"理想语境"的创造者和维护者

（笔者整理）

在信息交互技术达到一定可能性的阶段后，"理想语境"早已突破了以语言媒介为代表的限制。交互式规划有别于参与式规划的关键要素是，其更为强调在规划过程中，不同利益相关者及其中间媒介间的即时信息交互、理解与迭代。本研究在以Habermas思想为主体的传统交互式规划理论框架下，进化出符合现阶段交互式规划的核心价值取向：

- 不同规划主体的知识结构和信息接受能力是不对等的，完全一致的信息表达方式虽然实现了公平，但公正性却无法保障，需要在规划过程中根据不同利益相关者的实际情况提供多样的信息表达方式，提供共同但有区别的"理想语境"；
- 无论广义还是狭义规划过程中，利益相关者都没有必要出现在规划的全部阶段，因此在不同规划阶段不同参与者的交互过程中，需要提供符合他们需求和该阶段规划目的的"媒介"，以便参与者互相理解，促进达成共识；
- 在规划中主体（参与规划的个人和群体）与客体（客观产生，或由主观思维具象的客观表现）间的交互作用同样是重要的，规划的实质就是二者交互作用的产物。

第 3 章

以景观为媒介的交互式
乡村规划方法与技术体
系研究

人类与自然环境共同形成了一个不可分的、一致协同进化的地理—生物—人类实体："景观（Landscape）"（Bourassa[1]，2008；鲍梓婷[2]，2016）。景观拥有原发的综合性与整体性，并存在于我们生活的各个尺度中（鲍梓婷等[3]，2017）。从系统论角度出发，Naveh[4]（2000）认为，景观复杂性、整体性概念的产生并不是孤立的，而是一个在更广泛、综合的科学范式转变下的系统观点的一部分。按照沟通行动理论，乡村景观是具备公共性的空间化场所（Wellenius[5]，2002；Brownlee et al.[6]，2010）；而乡村景观规划作为一种公共契约，是为达成社会公共性所进行的社会交往活动（Roncken[7]，2006）。因此，乡村规划过程天然具备公共性和交互性属性。

　　"交互"和"景观"两个概念在乡村规划相关研究中，相辅相成、互为补充：首先，相对于土地利用和空间环境，"景观"更加突出人与空间的结合，更多地强调了人在其中的作用和感受，因此需要利用"交互"的

① Bourassa S. Trans. Peng F. The Aesthetics of Landscape[M]. Beijing：Peking University Press（In Chinese），2008.

② 鲍梓婷. 景观作为存在的表征及管理可持续发展的新工具[D]. 广州：华南理工大学，2016.

③ 鲍梓婷，周剑云，肖毅强. 景观作为可持续城市设计的媒介和途径[J]. 中国园林，2017，33（2）：17-21.

④ Naveh Z. What is holistic landscape ecology? A conceptual introduction[J]. Landscape & Urban Planning，2000，50（1）：7-26.

⑤ Wellenius B. Closing the gap in access to rural communication：Chile 1995-2002[J]. World Bank Publications，2002，volume 4（3）：29-41（13）.

⑥ Brownlee K，Graham J R，Doucette E，et al. Have Communication Technologies Influenced Rural Social Work Practice?[J]. British Journal of Social Work，2010，40（2）：622-637.

⑦ Roncken P A. Rural Landscape Anatomy[J]. Journal of Landscape Architecture，2006，1（1）：8-21.

手段来分析、辨识同时出现在客观存在和主观判断中的"景观";此外,按照本研究第2章对于交互式规划的研究,"景观"自身就是一个"交互"过程中的良好媒介,可以使那些不可视的、不能被广泛理解的信息通过可视的、可以被判断的要素、特征或符号媒介,形成沟通行动中的"理想语境"。

受信息交换效率和赋权执行可行性等因素的影响,交互式规划应用于区域或城市尺度规划中的可能性并不大(王晓军等[1],2016)。目前文献所见,交互式规划在国内外的运用也主要集中在较小尺度的规划案例中(如Tress and Tress[2],2006;王晓军[3],2007;Valenciasandoval et al.[4],2010;张晓彤等[5],2010;肖禾等[6],2013;Peng and Hsieh[7],2015;王晓军[8],2015;张晓彤等[9],2017)。这也从另一个角度证明,以"景观"作为媒介的交互式规划在乡村规划中具有针对乡村空间和乡村居民参与的方法优势。

---

[1] 王晓军,周洋,鄢彦斌,等. 政策与农耕:石咀头村40年景观变迁[J]. 应用生态学报,2015,26(1):199-206.

[2] Tress B,Tress G. Scenario visualisation for participatory landscape planning—a study from Denmark[J]. Landscape & Urban Planning,2003,64(3):161-178.

[3] 王晓军. 参与式土地利用规划理论与方法:村级案例研究[D]. 北京:中国农业大学,2007.

[4] Valenciasandoval C,Flanders D N,Kozak R A. Participatory landscape planning and sustainable community development:methodological observations from a case study in rural Mexico[J]. Landscape & Urban Planning,2010,94(1):63-70.

[5] 张晓彤,宇振荣,王晓军,等. 场景可视化在乡村景观评价中的应用[J]. 生态学报,2010,30(7):1699-1705.

[6] 肖禾,王晓军,张晓彤,等. 参与式方法支持下的河北王庄村乡村景观规划修编[J]. 中国土地科学,2013,27(8):87-92.

[7] Peng L P,Hsieh Y S. Settlement Typology and Community Participation in Participatory Landscape Ecology of Residents[J]. Landscape Research,2015,40(5):593-609.

[8] 王晓军,周洋,鄢彦斌,等. 政策与农耕:石咀头村40年景观变迁[J]. 应用生态学报,2015,26(1):199-206.

[9] 张晓彤,段进明,宇林军,等. 基于三维电子沙盘的参与式乡村历史景观评估:以贵州省对门山村为例[J]. 中国生态农业学报,2017,25(10):1403-1412.

3.1 乡村景观认识、评估、规划方法

3.1.1 从不同视角对景观进行认识

景观是自然、人文生态复合而成的综合体，是复杂的地域生态系统（刘滨谊和王云才[1]，2002），因其"被感知性"而区别于"环境"或"土地"的概念（Bourassa[2]，2008）。欧洲景观协会将景观定义为一个被人类感知的区域，它是自然和人类因素作用和交互作用的产物（Council of Europe[3]，2000）。而乡村景观因为人和环境更为紧密的互动，成为景观研究领域的重中之重（Arriaza et al.[4]，2004；Rogge et al.[5]，2007；Primdahl and Kristensen[6]，2016；Anderson et al.[7]，2017）。

王保忠等[8]（2006）认为"景"是以自然环境为主的客观世界的形象信

---

① 刘滨谊，王云才. 论中国乡村景观评价的理论基础与指标体系[J].中国园林，2002，5：76-79.

② Bourassa S. The Aesthetics of Landscape[M]. Trans. Peng F. Beijing：Peking University Press（In Chinese），2008.

③ Council of Europe. Official text of the European Landscape Convention in 2000.（2000-10-20）[2007-12-04]. http：//www.coe.Int/t/e/Cultural_Co-operation/Environment/Landscape.

④ Arriaza M，Cañas-Ortega J F，Cañas-Madueño J A，et al. Assessing the visual quality of rural landscapes[J]. Landscape & Urban Planning，2004，69（1）：115-125.

⑤ Rogge E，Nevens F，Gulinck H. Perception of rural landscapes in Flanders：Looking beyond aesthetics[J]. Landscape & Urban Planning，2007，82（4）：159-174.

⑥ Primdahl J，Kristensen L S. Landscape strategy making and landscape characterisation—experiences from Danish experimental planning processes[J]. Landscape Research，2016，41（2）：1-12.

⑦ Anderson N M，Ford R M，Williams K J H. Contested beliefs about land-use are associated with divergent representations of a rural landscape as place[J]. Landscape & Urban Planning，2017（157）：75-89.

⑧ 王保忠，王保明，何平. 景观资源美学评价的理论与方法[J]. 应用生态学报，2006，17（9）：1733-1739.

息，"观"是这种形象通过人的感官传到大脑皮层而产生的感受、联想与情感。对于景观的认识是人在景观客体对象刺激下，按照情感逻辑在头脑中对原有记忆表象经过加工而形成新形象的精神活动。换句话说，景观不仅直接或间接影响人们的生活质量，也因其"被感知"的属性成为重要的信息资源（Gouldson[①]，1995）。因此，在对交互式景观规划方法进行论述之前，必须要从主观（Freud[②]，1987；Amdam[③]，1997；Daniel[④]，2001；Nickles[⑤]，2004；Jessel[⑥]，2006）、客观（Strumse[⑦]，1994；Ode et al.[⑧]，2008；张晓彤等[⑨]，2010）及其相互交互间（Carlson[⑩]，2006；Bourassa[⑪]，2008；Fry

① Gouldson. Europe's environment：The dobis assessment[J]. Environmental Policy & Governance，1995，6（1）：30-30.

② Freud S. Anthology to Freud Aesthetics[M]. Trans. Chen W.Q. and Zhang H.M. Shanghai：Knowledge Press，1987（In Chinese）.

③ Amdam R. Empowerment planning in local communities：Some experiences from combining communicative and instrumental rationality in local planning in Norway[J]. International Planning Studies，1997，2（3）：329-345.

④ Daniel T. C. Whither scenic beauty Visual landscape quality assessment in the 21st century[J]. Landscape & urban planning，2001，54（1-4）：267-281.

⑤ Nickles M，Rovatsos M，Weiss G. Empirical-rational semantics of agent communication[C]// International Joint Conference on Autonomous Agents & Multiagent Systems. 2004.

⑥ Jessel B. Elements，characteristics and character：Information functions of landscapes in terms of Indicators[J]. Ecological Indicators，2006（6）：153-167.

⑦ Strumse E. Environmental attributes and the prediction of visual preferences for agrarian landscapes in western Norway[J]. Journal of Environmental Psychology，1994（14）：293-303.

⑧ Ode A.，Tveit M.S.，Fry G. Capturing Landscape Visual Character Using Indicators：Touching Base with Landscape Aesthetic Theory[J]. Landscape Research，2008，33（1）：89-117.

⑨ 张晓彤，李良涛，王晓军，等.基于主观偏好和景观空间指标的农业景观特征偏好模型：以北京市11个农业景观特征区域为例[J] 中国生态农业学报，2010，18（1）：180-184.

⑩ Carlson A. Nature and Landscape[M]. Trans. Chen L.B. Changsha：Hunan Science and Technique Press，2006（In Chinese）.

⑪ Bourassa S. The Aesthetics of Landscape[M]. Trans. Peng F. Beijing：Peking University Press（In Chinese），2008.

et al.[①]，2009）等不同角度对景观认识进行阐释，如表3-1所示。

从不同角度认识景观 表3-1

认识角度 Understanding Angle	基本观点 Main View	基本判断 Basic Judgement
作为人们感知体验的景观 Landscape as People's Perception and Experience	景观被认为是人们对土地、环境或空间的感知、体验或是情绪的表达。强调人的主观作用，从人的个性、文化、背景、情趣、意志和体验等定性角度出发，只将景观客体当作自然与人文综合体加以观察与描述	过分依赖个性因素，使景观感受变化莫测，难以得出普遍认同规律，对景观评价、规划和管理缺乏实用价值
作为物质存在综合的景观 Landscape as Material Existence	景观还可以被看作为土地、环境、空间等物质形态的综合，在这个意义上，景观是一种研究客体。作为具备独特的物理特征、相关形式或相互关联特征的区域单元，研究人员可以从自然科学或社会科学的视角对景观进行研究。客观导向的景观认识论强调了景观带有某种固有的价值，无关感知者对景观的主观态度	景观的象征符号也因为人的个体和文化背景不同而解释各异，其倾向性、预言性、自由程度和归属感是无法通过客观实体被确认的
作为规划交互媒介的景观 Landscape as a Communicative Medium for Planning	特定的主观人群会对特定的景观客体特征产生价值趋向，这也是深入探究主客观导向景观评价的意义所在，而"偏好(Preference)"在其中起到了联系主体和客体的关键作用。景观作为土地外观的含义可以扩展至整个视觉环境，是人们感知到的周边视觉要素的综合。景观在这里变成了"人类体验的视觉背景"，是人类邂逅生活世界的媒介	这个角度对于景观有着更广泛的理解，认为客观存在的景观要素对不同人同时具有不同的含义，这种含义是深深地植根于个体的。因此，人对于景观的偏好不单纯来自于人的主观反应或客体景观要素，而是来自于这两者之间的联系

（笔者整理）

① Fry G，Tveit M.S，Ode A，et al. The ecology of visual landscapes：Exploring the conceptual common ground of visual and ecological landscape Indicator[J]. Ecological Indicators，2009（9）：933-947.

基于景观媒介的交互式乡村规划方法及其实证研究

3.1.2 基于交互方式的乡村规划框架

将"景观"作为媒介的交互式手段或多或少都会应用在乡村规划过程中，但在世界范围内被公认的在乡村规划中应用较为广阔的三个基于交互式手段的方法框架为：SBE 风景美学评估（Scenic Beauty Estimation）（陈鑫峰和王雁[1]，2000；王冰和宋力[2]，2007）、VRM 视觉资源管理（Visual Resource Management）（Bishop and Iv[3]，1991；Ionides and Claoué[4]，1996）以及 LCA 景观特征评估（Landscape Character Assessment）（Gittins[5]，2007；Jellema et al.[6]，2009；王晓军和张晓彤[7]，2016），其主要特点如表3-2所示。

交互式乡村景观规划/评估框架简介 　　　　　　　表3-2

框架 Frames	发起国家 Sponsor Country	主要特点 Main Characters	基本评价 Basic Evaluation
风景美学评估 Scenic Beauty Estimation	由美国林业部在20世纪70年代提出	广泛运用在美国的林业规划中，它涉及将风景美学评估与森林景观的客观性联系起来，在这个方法框架下对客观特征的选择被认为是基于这样一种直觉：这些客观特征与景观的审美属性有关	SBE具有相对的主观倾向，在景观评价中应用最多并被公认为是最有效的方法

---

① 陈鑫峰，王雁. 国内外森林景观的定量评价和经营技术研究现状[J]. 世界林业研究，2000，13（5）：31-38.

② 王冰，宋力. 景观美学评价中心理物理学方法的理论及其应用[J]. 安徽农业科学，2007，35（12）：3531-3532.

③ Bishop I D，Iv R B H. Integrating technologies for visual resource management[J]. Journal of Environmental Management，1991，32（4）：295-312.

④ Ionides A，Claoué C. Resource management of cataract patients：can visual rehabilitation be achieved in three visits?[J]. Journal of Cataract & Refractive Surgery，1996，22（6）：717.

⑤ Gittins J W. Local landscape character assessment：An evaluation of community-led schemes in cheshire[J]. Landscape Research，2007，32（4）：423-442.

⑥ Jellema A，Stobbelaar D J，Groot J C J，et al. Landscape character assessment using region growing techniques in geographical information systems[J]. Journal of Environmental Management，2009，90（2）：161-174.

⑦ 王晓军，张晓彤. 英国景观特征评估与营造[J]. 城乡建设，2016（1）：100-102.

框架 Frames	发起国家 Sponsor Country	主要特点 Main Characters	基本评价 Basic Evaluation
视觉资源管理 Visual Resource Management	由美国土地管理局在20世纪80年代发展起来	带有十分明显的土地管理部门所惯有的量化思维特征：主要分为风景类型分类、风景质量评价、敏感性评价、管理及规划目标和视觉污染的评价决策。视觉资源管理应用到公共用地视觉景观的维护和加强上，系统主要适用于自然风景类型，主要目的是通过对包括森林、山川、水面等自然资源的景观质量评价，制定出合理利用这些资源的措施	相对其他两个框架，VRM的客观倾向更加明显
景观特征评估 Landscape Character Assessment	由英国乡村署在20世纪90年代提出	过去20多年，景观特征评估在英国发展并被广泛应用到规划过程的各个步骤，景观特征评估中希望达到客观的景观特征区分提出个别性的价值判断，确定什么使得一个景观与其他景观"不同"，其特征判断具有前瞻性的特点	由于LCA的灵活性和包容性，使得主客观不同方法和技术在这个框架之下得到融合更加便利

（笔者整理）

3.1.3 乡村景观判断和分析方法类型

对乡村景观进行判断和分析有两种主要方法类型，即直接方法和间接方法（Wherrett and Tan[1]，1999；Daniel[2]，2001；Appleton and Lovett[3]，2003；

---

[1] Wherrett J.R. Issues in using the Internet as a medium for landscape preference research[J]. Landscape & Urban Planning，1999，45：209-217.

[2] Daniel T.C. Whither scenic beauty? Visual landscape quality assessment in the 21st century[J]. Landscape & Urban Planning，2001，54：267-281.

[3] Appleton K，Lovett A. GIS-based visualisation of rural landscapes：defining "sufficient" realism for environmental decision-making[J]. Landscape & Urban Planning，2003，65（3）：117-131.

Jessel[①]，2006；王保忠等[②]，2006；Bourassa[③]，2008）。直接方法一般应用在主观导向的各类评估和规划方法体系内，他们将景观作为一个整体理解，不单独对景观中的每个要素进行判别，而是根据景观整体表征对其进行价值判断。间接方法是将景观作为诸多景观要素或要素组合的叠加、集成，景观所具有的价值或是功能是由每一个景观要素及其组合所共同构成的。

虽然目前绝对的直接或间接方法并不存在，两种方法在实践中势必会有所结合，但我们仍然可以将这两种乡村景观判断和分析方法类别来分别进行研究，两类方法基本特点如表3-3所示。

不同乡村景观判断和分析方法特点　　　　　　　　　　表3-3

方法 Methods	定义 Definition	基本观点 Basic View	基本评价 Basic Evaluation
直接方法 Direct Method	是通过公众对一定数量公共景观的偏好选择来获得有意义、一致的结果。直接方法将景观看作一个整体，只对景观进行语言描述，而并不着重对景观细节的量化	直接方法主要是主观导向的，例如"认知（Cognition）"的方法，以进化论美学、人类环境认知和信息接受论为依据来研究景观感受过程。此外，"经验主义（Empiricism）"的方法强调景观评价中人的主观作用，从定性角度及人的个性、文化、背景、情趣、意志、体验出发，视景观客体为自然与人文综合的整体加以观察与描述	直接方法没有将景观进行分隔，有利于保持其整体特征；但由于没有量化标准，而无法获得景观偏好有说服力的依据，来对景观维护或建设提供帮助

① Jessel B. Elements，characteristics and character：Information functions of landscapes in terms of Indicators[J]. Ecological Indicators，2006（6）：153-167.

② 王保忠，王保明，何平. 景观资源美学评价的理论与方法[J]. 应用生态学报，2006，17（9）：1733-1739.

③ Bourassa S. The Aesthetics of Landscape[M]. Trans. Peng F. Beijing：Peking University Press（In Chinese），2008.

方法 Methods	定义 Definition	基本观点 Basic View	基本评价 Basic Evaluation
间接方法 Indirect Method	基于现状或/和某种特质的强度进行判断,这类方法为了获得总体价值而集中景观的不同内容,也就表示了景观质量是各部分质量的加和	间接方法从视觉美学角度对旅游资源进行综合经验评价和单因子评价,建立了许多视觉定量分析的数学模型。如"试验主义方法(Examination Methods)"是以大众对景观的有形组分(如树的密度、水体覆盖的地表等)和无形组分(如连通性、神秘性)的评价为基础。而"心理物理学方法(Psychological Methods)"则把景观—审美关系理解为刺激—反应关系,通过景观客体要素与景色价值间的函数关系,建立数学模型,识别出起关键作用的风景要素预测景色美	间接方法旨在努力通过某些指标去寻找景观的某些特征与人偏好的关联,但因为其对景观内容价值的主观暗示而被一些学者所诟病。此外,间接方法的问题在于没有获取任何个体要素的交互影响

(笔者整理)

3.1.4 乡村景观规划的交互媒介类型

如上所述,"景观(Landscape)"作为一个交互媒介可以使那些可视的、可以被立刻评价的要素与特征,与那些不可视的、不能被广泛理解的景观所能提供的生态系统服务相链接(Opdam et al.[1],2018)。由于在一个特定时间内景观只能有一种景观形态,因而具有不同学科或知识背景的参与者可以将"景观"这个产生共同认知的事物作为交互媒介,在沟通过程中不断融合和修正各异的概念和价值观。Albert et al.[2](2012)认为,不同的参与者以景观作为媒介共同规划,不仅是参与的一种手段,也是相互学习、消除差异、达成共识的一种途径。

在讨论乡村景观时所使用的各种媒介,为提高交互式规划主体之间、

① Opdam P,Luque S,Nassauer J,et al. How can landscape ecology contribute to sustainability science?[J]. Landscape Ecology,2018,33(1):1-7.

② Albert C,Zimmermann T,Knieling J,et al. Social learning can benefit decision-making in landscape planning:Gartow case study on climate change adaptation,Elbe valley biosphere reserve[J]. Landscape & Urban Planning,2012,105(4):347-360.

主体与客体之间的有效沟通提供了可能性。最近在回答景观中人类偏好需求的研究中，景观媒介的应用得到了发展（Tveit et al.[①]，2006；Ode et al.[②]，2008；Fry et al.[③]，2009）。Lange[④]（2010）认为对于景观认知的对象可以分为象征的（Antrop[⑤]，1998；Smeding and Joenje[⑥]，1999；Kaligarič et al.[⑦]，2014）、感性的（Knick and Rotenberry[⑧]，1997；Zhou[⑨]，2012；Sugimoto[⑩]，2017）和形式的（Bourassa[⑪]，2008；Schirpke[⑫]，2015）。参照其观点，我们也可以由此对应将乡村景观规划中主体间、主体客体间交互的媒介对象

① Tveit M.S.，Ode A.，Fry G. Key concepts in a framework for analysing visual landscape character[J]. Landscape research，2006，31（3）：229-255.

② Ode A.，Tveit M.S.，Fry G. Capturing Landscape Visual Character Using Indicators：Touching Base with Landscape Aesthetic Theory[J]. Landscape Research，2008，33（1）：89-117.

③ Fry G，Tveit M.S，Ode A，et al. The ecology of visual landscapes：Exploring the conceptual common ground of visual and ecological landscape Indicator[J]. Ecological Indicators，2009（9）：933-947.

④ Lange E. The limits of realism：perceptions of virtual landscapes[J]. Landscape & Urban Planning，2001，54：163-182.

⑤ Antrop M. Landscape change：Plan or chaos？[J]. Landscape & Urban Planning，1998，41（3-4）：155-161.

⑥ Smeding F W，Joenje W. Farm-Nature Plan：landscape ecology based farm planning[J]. Landscape & Urban Planning，1999，46（1-3）：109-115.

⑦ Kaligarič M，Ivajnšič D，Landurbplan J，et al. Vanishing landscape of the "classic" Karst：changed landscape identity and projections for the future[J]. Landscape & Urban Planning，2014，132（2014）：148-158.

⑧ Knick S T，Rotenberry J T. Landscape characteristics of disturbed shrubsteppe habitats in southwestern Idaho（U.S.A.）[J]. Landscape Ecology，1997，12（5）：287-297.

⑨ Zhou W. Effects of patch characteristics and within patch heterogeneity on the accuracy of urban land cover estimates from visual interpretation[J]. Landscape Ecology，2012，27（9）：1291-1305.

⑩ Sugimoto K. Use of GIS-based analysis to explore the characteristics of preferred viewing spots indicated by the visual interest of visitors[J]. Landscape Research，2017，43（3）：1-15.

⑪ Bourassa S. The Aesthetics of Landscape[M]. Trans. Peng F. Beijing：Peking University Press（In Chinese），2008.

⑫ Schirpke U. Mapping Alpine Landscape Values and Related Threats as Perceived by Tourists[J]. Landscape Research，2015，40（4）：451-465.

类型划分为符号（Clay and Smidt[①]，2004；Tveit et al.[②]，2006；张晓彤[③]，2010；Jiang[④]，2012；Pettit et al.[⑤]，2012；Fiévé[⑥]，2017）、特征（Tveit et al.[⑦]，2006；Ode et al.[⑧]，2008；Fry et al.[⑨]，2009；Wagtendonk and Vermaat[⑩]，2014；Dronova[⑪]，2017）和要素层次（Tveit et al.[⑫]，2006；Raymond[⑬]，2016），其主要观点如表3-4所示。

① Clay G R，Smidt R K. Assessing the validity and reliability of descriptor variables used in scenic highway analysis[J]. Landscape & Urban Planning，2004，66（4）：239-255.

② Tveit M，Å. Ode，Fry G. Key concepts in a framework for analysing visual landscape character[J]. Landscape Research，2006，31（3）：229-255.

③ 张晓彤. 主客观结合的多功能农业景观评价研究[D]. 北京：中国农业大学，2010.

④ Yanning Z，Jiang F. Waterfront Place Design Based on Landscape Image of Urban Waterfront Area[J]. Journal of Landscape Research，2012（8）.

⑤ Pettit C，Sposito V，Aurambout J P，et al. Developing a multi-scale visualisation framework for use in climate change response[J]. Landscape Ecology，2012，27（4）：487-508.

⑥ Fiévé N. The genius loci of Katsura：literary landscapes in early modern Japan[J]. Studies in the History of Gardens & Designed Landscape，2017，37（2）：134-156.

⑦ Tveit M.S.，Ode A.，Fry G. Key concepts in a framework for analysing visual landscape character[J]. Landscape research，2006，31（3）：229-255.

⑧ Ode A.，Tveit M.S.，Fry G. Capturing Landscape Visual Character Using Indicators：Touching Base with Landscape Aesthetic Theory[J]. Landscape Research，2008，33（1）：89-117.

⑨ Fry G，Tveit M.S，Ode A，et al. The ecology of visual landscapes：Exploring the conceptual common ground of visual and ecological landscape Indicator[J]. Ecological Indicators，2009，9：933-947.

⑩ Wagtendonk A J，Vermaat J E. Visual perception of cluttering in landscapes：Developing a low resolution GIS-evaluation method[J]. Landscape & Urban Planning，2014，124（4）：85-92.

⑪ Dronova I. Environmental heterogeneity as a bridge between ecosystem service and visual quality objectives in management，planning and design[J]. Landscape & Urban Planning，2017，163：90-106.

⑫ Tveit M.S.，Ode A.，Fry G. Key concepts in a framework for analysing visual landscape character[J]. Landscape research，2006，31（3）：229-255.

⑬ Raymond C M. Integrating multiple elements of environmental justice into urban blue space planning using public participation geographic information systems[J]. Landscape & Urban Planning，2016，153：198-208.

景观作为交互媒介的类型 表3-4

媒介类型 Media Types	基本观点 Basic View	案例 Case
象征的符号 Emblematical Symbol	许多研究者使用"景观"作为与"意义"密切联系的符号。"没有景观仅仅作为物质要素的集体而存在。仅仅是识别它我们便在其本质的形状和形式之上嵌入了特征、意义和象征意义";作为符号意味着景观不仅是中性代码,它本质上是有意义的。"景观"解释已经成为图解法的对象,试图寻找景观中的符号秩序。因此景观一词代表了内含一系列价值观和态度的物理符号	虽然这些符号可能在现实状况下无法量化分析甚至无法主观描述出人类对其偏好的准确原因,但整体的空间印象不是个体特征的复制,其中的特征会指示它的特别。这些特性也可以被解释为"场所精神(Spirit of Place)""形象化(Vividness)""记忆表象(Imageability)""地域场所(Genius Loci)"或"氛围(Aura)"等等
感性的特征 Sensible Character	景观"特征(Character)"层次的媒介可以被理解为是基于一个中间复杂层次的典型构造模型。感性的特征媒介主要是要素在空间上的分布和组合,景观要素的排列组合是决定景观功能的重要甚至是决定性因素	最近几年,作为这个层次的视觉景观的概念性媒介得到了一些发展,常用的媒介包括"复杂性(Complexity)""一致性(Coherence)"和"干扰性(Disturbance)""记忆表象(Imageability)""自然性(Nature)""开阔性(Openness)""管理水平(Stewardship)"以及"历史景观(Historicity)"
形式的要素 Formal Element	"形式(Formal)"即客观存在且不经过人类主观加工的客体要素的组合。景观的全部客体内容可以通过其中的个体内容"要素(Element)"进行描述,包括景观形成的各种因素:地貌、土壤、植被、气候、土地利用等的形态、数量和比例等。形式的要素可以对景观的感知起很大作用,像众多的记忆表象是通过关键点状要素显现的,这也包括联觉感知,像声音和气味而产生的。生物学的一些因素也会使人类对个别要素产生偏好,进而产生景观感知	目前,比较常用的形式—要素媒介主要包括景观要素或属性的分布,景观要素中的变化和对照差异,水体、植被的空间序列,以个案出现的景观记忆表象或这些关键要素的密度,自然植被的比例,视线景观要素的密度以及植被的透视程度,农田中废弃地和轮耕地的掩体、野草的状态、管理方式、管理频率和管理细节等

(笔者整理)

3.2 交互式乡村规划中的适用技术

基于被决策影响的人群有权参与到决策制定过程中的理念，公众参与作为交互式规划理论在实践中的应用已成为空间规划研究的焦点。公众参与的关键是要求各利益相关方之间能有效交互，而通过合理的媒介工具，各方相互理解彼此的状态和行动计划，成为交互式规划中沟通行动的核心。

在乡村规划的技术体系中，如何使不同利益相关者获取平等的信息发布、接受能力，并使各类规划策略、要素设计变化对整体规划产生的影响在规划过程中得到及时反馈，是保证景观规划参与质量的关键。首先，常规的交互式规划手段包括调研、见面会、图纸等，这些方法虽然简单易行，但缺乏可以获得即时评估结果的能力，无法使不同利益相关者获得对规划方案调整科学的评估结果，来指导下一步工作。近年来，结合定性、定量和交互式规划方法来研究乡村景观正成为一种趋势（如 Gao et al.[1]，2016；Vogt and Marans[2]，2016；Taylor and Hochuli[3]，2017）。

近些年，随着参与式民主在乡村规划领域研究推广的不断深入，以及以3S、VR技术为代表的现代科技的不断进步，演变出了一些更具针对性的适用技术。我们大致将这些技术划分为主观定性技术、主观定量技术、客观定性技术、客观定量技术四个群类。我们强调这些适用技术的应用，并非是"工具理性"的回潮，"交互理论"依然是未来发展的趋势，也是本研究的出发点。选择适用技术为乡村景观规划中的交互工具，为我们提供了一个交互升维的可能性。换句话说，交互的有效性是我们追求的目标，

① Gao Y，Babin N，Turner A J，et al. Understanding urban-suburban adoption and maintenance of rain barrels[J]. Landscape & Urban Planning，2016，153：99-110.

② Vogt C A，Marans R W. Natural resources and open space in the residential decision process：a study of recent movers to fringe counties in southeast Michigan[J]. Landscape & Urban Planning，2016，69（2）：255-269.

③ Taylor L，Hochuli D F. Defining greenspace：Multiple uses across multiple disciplines[J]. Landscape & Urban Planning，2017，158：25-38.

而这些适用技术为我们提供了在不同阶段、针对不同群体，达成"真理共识"的更加适宜的理想语境，通过对媒介的改良，使得各方更好地理解相互的状态和规划行动。这里所指的交互，包括个体与个体的交互，主体与客体的交互，主客体与媒介的交互等。

3.2.1 主观定性相关技术

交互式规划中主观定性相关技术主要是通过调研、访谈等主观定性的方法，获取、生成和交流与当前规划有关的数据、信息和知识。主要的相关技术包括文献综述、调研、面对面访谈、半结构式访谈等。

3.2.1.1 半结构式访谈技术

半结构式访谈（Semi-structured Interview）通常被认为是规划过程中除文献综述外，获取规划相关信息的主要手段。使用半结构式访谈技术，规划者按照一个粗线条式的访谈提纲进行非正式访谈，对访谈对象的条件、访谈记录的方式、访谈对象回答的方式、访谈问题等只有一个粗略要求，并能根据实际情况灵活地作出必要的调整（如Ferguson et al.[1]，2017；Garrido et al.[2]，2017；Stelling et al.[3]，2017），图3-1为访谈现场示例。

访谈可以通过多种方式进行，包括面对面访谈、电话、纸质、电子邮件等。面对面访谈通常非常耗时，但却能够更明晰问题，甚至能够在访谈

[1] Ferguson L，Chan S，Santelmann M，et al. Exploring participant motivations and expectations in a researcher-stakeholder engagement process：Willamette Water 2100[J]. Landscape & Urban Planning，2017，157：447-456.

[2] Garrido P，Elbakidze M，Angelstam P. Stakeholders' perceptions on ecosystem services in Östergötland's（Sweden）threatened oak wood-pasture landscapes[J]. Landscape & Urban Planning，2017，158：96-104.

[3] Stelling F，Allan C，Thwaites R. Nature strikes back or nature heals？ Can perceptions of regrowth in a post-agricultural landscape in South-eastern Australia be used in management interventions for biodiversity outcomes ？[J]. Landscape & Urban Planning，2017，158：202-210.

图3-1 半结构式访谈现场示例

（笔者拍摄）

过程中获取预定访谈问题之外的额外有效信息（Bohnet[1]，2008）。非面对面访谈可在没有采访者在场的情况下收集调研问题的回复，通常能够比面对面访谈调研更多的人，但存在选择偏见风险，很难知道或理解回复的背后原因以及这些回复者对整个群体的利益有多大的反应。半结构式访谈包括封闭式问题、开放式问题（即不给受访者提供预设答案列表）和讨论。讨论可以围绕对封闭式问题的某个回答，也可以简单地围绕对开放式问题的回答所产生的新问题。此类调查的定性结果可能对后续的分析和总结带来挑战，但也可能有助于更深入地了解问题背后的原因。

3.2.1.2 小组座谈和角色扮演

小组座谈（Group Discussion）是空间规划的基础方法之一，几乎所有的规划都离不开小组座谈（王晓军[2]，2007；Musingafi et al.[3]，2015）。小组座谈是规划参与者坐在一起，面对面互相交流信息的过程（图3-2）。通过

① Bohnet I. Assessing retrospective and prospective landscape change through the development of social profiles of landholders: A tool for improving land use planning and policy formulation[J]. Landscape & Urban Planning，2008，88（1）：0-11.

② 王晓军. 参与式土地利用规划理论与方法：村级案例研究[D]. 北京：中国农业大学，2007.

③ Musingafi M C C，Mhute I，Zebron S，et al. Planning to Teach: Interrogating the Link among the Curricula，the Syllabi，Schemes and Lesson Plans in the Teaching Process[J]. Journal of Education & Practice，2015，6：54-59.

图3-2 小组座谈现场示例

（笔者拍摄）

小组座谈，规划师收集规划相关信息及各利益相关者的意见和建议。虽然小组座谈通常非常耗时，但却能够更明晰问题，甚至能够在访谈过程中获取预定访谈问题之外的额外有效信息。随着技术的发展，小组座谈也不仅仅局限于传统的纸介质。

一些先进的技术手段如地图、绘图、图表也应用到小组座谈，以提高小组座谈的信息交流效率和准确性。随着遥感技术的发展，遥感地图常作为基础底图用于小组座谈。GIS及三维可视化技术可以用直观的方式辅助提升交流的效率。除技术手段外，小组座谈中主持人起着至关重要的作用，主持人应具有良好的协调、组织和应变能力，随时把控和引导交流过程。特别是在乡村参与式规划过程中，参与规划的多为受教育程度较低的当地村民，其观点表达方式常天马行空，因此对主持人的能力要求更高。

角色扮演（Role-playing）是一种通过参与者扮演角色模拟现实或虚拟情景的模拟或演示的方法（于海漪[①]，2000）。在参与式规划实践中，角色扮演根据不同的规划场景进行设置，目的是让参与者通过表演或观察他人表演来"亲身体验"某一种情景，可增进不同利益相关者的观点表达和相互理解。

---

① 于海漪. 达成一致：如同角色扮演和修修弄弄——迈向一种协作性规划理论[J]. 规划师，2000，16（2）：92-100.

3.2.1.3 自由列举和排序打分

自由列举（Free Listing）是一种鼓励人们用词条或单元的形式对特定问题或事物在轻松自由的氛围中各抒己见，而不考虑自己的意见是否正确、合理的形式（Reeves and Mcconville[①]，2011）。在参与式规划中，使用自由列举方法，鼓励各利益相关者对规划目标、问题、方案等规划内容以词条的形式列举其观点并将其不加评论地记录下来，通过后续分析，通常可为解决不同利益相关者的矛盾和形成规划方案打开思路（图3-3）。

图3-3　排序和打分现场示意

（笔者团队拍摄）

排序和打分（Ordering & Marking）是在自由列举的基础上，对列举出的各词条根据重要性的大小设置权重后进行排序。权重设置可由规划参与人员或专家进行，反映了人们的偏好、主流态势和决策过程，因而是规划决策极其重要的参考（Gilly and Roux[②]，2010）。

3.2.1.4 逻辑树（问题树）分析

逻辑树（Logic Tree）又称问题树、演绎树，是一种通过将已知问题及

---

① Reeves K, Mcconville C . Cultural Landscape and Goldfield Heritage: Towards a Land Management Framework for the Historic South-West Pacific Gold Mining Landscapes[J]. Landscape Research, 2011, 36(2): 191-207.

② Gilly M, Roux J P. Social marking in ordering tasks: Effects and action mechanisms[J]. European Journal of Social Psychology, 2010, 18(3): 251-266.

所有子问题分层罗列，以树形结构系统地梳理问题及其相互逻辑关系的方法（周洋[①]，2015）。把已知的问题比作树干，然后考虑哪些问题或事实与已知问题有关，将这些问题或事实比作逻辑树的树枝。一个大的树枝上还可以继续延伸出更小的树枝，逐步列出所有与已知问题相关联的问题。逻辑树（问题树）分析法帮助规划者理清规划信息收集及凝练过程中的问题及事实的逻辑关系，避免重复和无关的思考。规划过程中，由于参与者来自不同的利益相关方，具有不同的背景，因此所收集到的问题、观点、事实等信息通常错综复杂，也可能包含众多无关的甚至错误的信息。因此，规划的信息收集及凝练，通常使用问题树分析方法，对规划过程中收集到的问题、事实、观点以树的形式进行逻辑梳理（图3-4）。

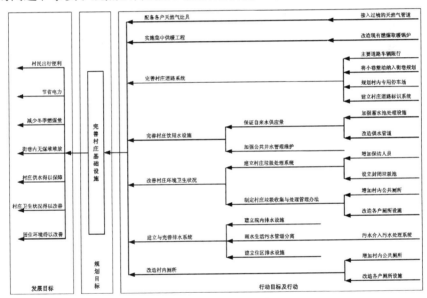

图3-4　逻辑树工具示例

（笔者绘制）

3.2.2 主观定量相关技术

定性方法和定量方法之间的区别并不总是一目了然。定量方法使用公式，并根据数据进行计算。然而，在许多情况下，数据是定性的或半定量

[①] 周洋.基于逻辑框架分析的村庄规划方法研究[D].太原：山西大学，2015.

的：数据可能明确地由定性信息组成；它们可能是参与者的估计，或者基于实验数据，具有不确定性。本研究涉及的主观定量相关技术是在规划过程中基于定性或半定量的数据，使用定量的方法，获得规划决策所需要的信息，主要包括模糊认知映射、社会网络分析、情景构建、层次分析法等方法。

3.2.2.1 模糊认知映射

模糊认知映射（Fuzzy Cognitive Mapping）允许小组分享和协商有关知识，并建立半定量的概念模型，通过参数化认知映射明确表示系统的假设（Özesmi and Özesmi[1]，2004；Gray et al.[2]，2014）。模糊认知映射首先定义组成系统的最相关变量，以及这些变量之间的动态关系，然后通过分配一个变量对另一个变量的影响程度（正或负）来扩展认知/概念图（图3-5）。

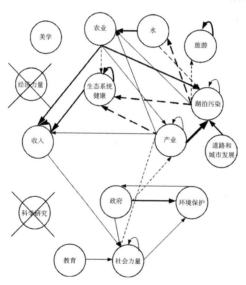

图3-5　一个利益相关者群体的简明社会地图的认知解释图示例

（引自Özesmi[3]，2004）

---

① Özesmi U，Özesmi S L. Ecological models based on people's knowledge：a multi-step fuzzy cognitive mapping approach[J]. Ecological Modelling，2004，176（1）：43-64.

② Gray S A，Zanre E，Gray S R J. Fuzzy Cognitive Maps as Representations of Mental Models and Group Beliefs[J]. Intelligent Systems Reference Library，2014，54：29-48.

③ Özesmi U，Özesmi S L. Ecological models based on people's knowledge：a multi-step fuzzy cognitive mapping approach[J]. Ecological Modelling，2004，176（1）：43-64.

3.2.2.2 社会网络分析

社会网络分析（Social Network Analysis）是一种研究行动者之间一系列社会关系，以及这些关系及其模式如何影响行动者的观点、行为、感知的方法。"行动者"可以是个人或社会实体（如组织，甚至为国家）（如 Prell and Feng[1]，2016）。社会关系可以代表友谊、沟通或信任，也可以指代其他类型的社会关系，如会员、贸易或各种资源。系统网络体系结构中的关系通常最多涉及两个实体，这使得社会网络分析方法可以使用网络/图形理论中的分析工具进行分析（Adjiashvili and Rotbart[2]，2010）。Chen and Chang[3]（2015）应用社会网络分析的方法，评价了城市绿地连通性，并有效提高了其可访问性和连接性。图3-6为基于社会网络分析的公共交通选址示意。

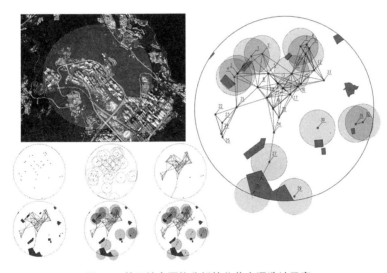

图3-6　基于社会网络分析的公共交通选址示意

（引自 Chen and Chang，2015）

① Prell C，Feng K. The evolution of global trade and impacts on countries'carbon trade imbalances[J]. Social Networks，2016，46：87-100.

② Adjiashvili D，Rotbart N. Labeling Schemes for Bounded Degree Graphs[J]. Lecture Notes in Computer Science，2014，8573：375-386.

③ Chen J，Chang Z . Rethinking urban green space accessibility：Evaluating and optimizing public transportation system through social network analysis in megacities[J]. Landscape and Urban Planning，2015，143：150-159.

3.2.2.3 情景构建

情景构建（Scenario Design）是一种处理未来不确定性的实用方法（Amer et al.[1]，2013）。情景规划依赖于对趋势和政策的广泛分析，以涵盖一系列可能的未来——这与预测或预测特定的未来不同。每个场景都应该是内部一致的，即考虑到当前的条件和趋势，可以描述情景的不同方面。每个情景的设计都与其他场景不同，并突出了一个独特未来。

在参与式建模中，情景可以用定量模型（例如系统动力学）构建。在这种方法中，利益相关者提供有关知识，并指出哪些输入变量是关键和不确定的，再对合理范围内的多个输入组合运行定量模拟（图3-7）。其他情景构建方法以完全定性的方式创建情景（"故事"）。情景用于确定在大多数或所有未来情景中的策略和计划。

3.2.2.4 层次分析法

在参与式规划过程中，通常要比较、判断、评价各样的情景和方案，最后作出决策。这个过程主观因素占有相当的比重，使得很难用数学语言来描述，而"层次分析法（Analytic Hierarchy Proces）"就是有效处理这类问题的实用方法。在层次分析法中，"准则权重"是利益相关者主观认为的所有准则的相对重要性。根据这些准则对备选方案进行评估，将结果加权求和（Hajkowicz and Higgins[2]，2008；Howard[3]，1991）。图3-8为层次分析法在参与式规划中的应用框架，当从不同利益相关者获得的权重之间存在显著差异时，难以确定适当的"群体汇总"指标。已有的方法包括

---

[1] Amer M，Daim T U，Jetter A. A review of scenario planning[J]. Futures，2013，46（2）：23-40.

[2] Hajkowicz S，Higgins A. A comparison of multiple criteria analysis techniques for water resource management[J]. European Journal of Operational Research，2008，184（1）：255-265.

[3] Howard，Andrew F. A critical look at multiple criteria decision making techniques with reference to forestry applications[J]. Canadian Journal of Forest Research，1991，21（11）：1649-1659.

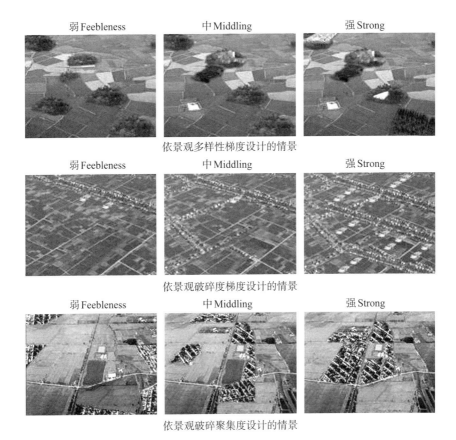

弱 Feebleness　　　中 Middling　　　强 Strong

依景观多样性梯度设计的情景

弱 Feebleness　　　中 Middling　　　强 Strong

依景观破碎度梯度设计的情景

弱 Feebleness　　　中 Middling　　　强 Strong

依景观破碎聚集度设计的情景

图3-7　情景构建示意

（引自张晓彤[①]，2010）

平均值（Ryu et al.[②]，2011；Tian et al.[③]，2013）、中间值（Kolagani et al.[④]，

① 张晓彤. 主客观结合的多功能农业景观评价研究[D]. 北京：中国农业大学，2010.

② Ryu J，Leschine T M，Nam J，et al. A resilience-based approach for comparing expert preferences across two large-scale coastal management programs[J]. Journal of Environmental Management，2011，92（1）：92-101.

③ Tian W，Bai J，Sun H，et al. Application of the analytic hierarchy process to a sustainability assessment of coastal beach exploitation：a case study of the wind power projects on the coastal beaches of Yancheng，China[J]. Journal of Environmental Management，2013，115（Complete）：251-256.

④ Kolagani N，Ramu P，Varghese K. Participatory Model Calibration for Improving Resource Management Systems：Case Study of Rainwater Harvesting in an Indian Village[J]. Jawra Journal of the American Water Resources Association，2016，51（6）：1708-1721.

2015）及几何平均值（Saengsupavanich[1]，2013）等。一些研究使用蒙特卡罗模拟方法，通过模型在利益相关者之间传播的可变性来确定价值范围（Rosenbloom[2]，1996；Lafluer[3]，2011；Kolagani et al.[4]，2016）。

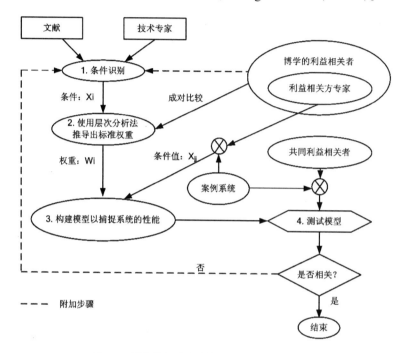

图3-8 层次分析法在参与式规划中的应用框架

（引自 Kolagani et al.[5]，2016）

① Saengsupavanich C. Detached breakwaters: communities' preferences for sustainable coastal protection[J]. Journal of Environmental Management，2013，115：106-113.

② Rosenbloom E S. A probabilistic interpretation of the final rankings in AHP[J]. European Journal of Operational Research，1997，96（2）：371-378.

③ Lafleur J M. Probabilistic AHP and TOPSIS for multi-attribute decision-making under uncertainty[C]// Aerospace Conference. IEEE，2011.

④ Kolagani N，Ramu P. A participatory framework for developing public participation GIS solutions to improve resource management systems[J]. International Journal of Geographical Information Systems，2016，31（3）：18.

⑤ Kolagani N，Ramu P，Varghese K. Participatory Model Calibration for Improving Resource Management Systems：Case Study of Rainwater Harvesting in an Indian Village[J]. Jawra Journal of the American Water Resources Association，2016，51（6）：1708-1721.

基于景观媒介的交互式乡村规划方法及其实证研究

3.2.3 客观定性相关技术

客观定性技术是指在参与式规划过程中，使用客观的技术手段，辅助定性分析，包括参与式地理信息技术、三维可视化技术、丰富图、认知概念图、因果回路图、文化共识等。

3.2.3.1 情景可视化

当前"情景可视化（Scenario Visualization）"所需要的信息源主要来自于逐渐转向民用的高分辨率遥感影像。虽然遥感影像的分辨率日益提高，但其毕竟是俯视角度，对于人的主观判断存在一定的视觉差异。因此，在基于主客观结合的景观评价中，真实或半真实的图片由于其真实性而被更广泛地采用（Orland et al.[1]，2001；张晓彤等[2]，2010）。现阶段来看，获得情景结构最重要的就是需要辨识和归纳未来变化的方式、途径和关键要素，以有的放矢地进行情景模拟。换句话说，既然要通过情景技术来模拟景观，那么就必须通过一定的标准来实现。一些研究以某些关键景观要素的增减作为标准来进行情景模拟（Weinstoerffer and Girardin[3]，2000；Tress and Tress[4]，2003；Yu et al.[5]，2016），较少地将基于生态学意义的景观指标运用到情景模拟的条件之中。图3-9为情景可视化示例。

---

[1] Orland B. Evaluating regional changes on the basis of local expectations: A visualisation dilemma[J]. Landscape & Urban Planning，1992，21（4）：257-259.

[2] 张晓彤，宇振荣，王晓军，等. 场景可视化在乡村景观评价中的应用[J]. 生态学报，2010，30（7）：1699-1705.

[3] Weinstoerffer J.，Girardin P. Assessment of the contribution of land use pattern and Intensity to landscape quality: Use of a landscape Indicator[J]. Ecological Modelling，2000，130：95-109.

[4] Tress B.，Tress G. Scenario visualisation for participatory landscape planning-A study from Denmark[J]. Landscape & Urban Planning，2003，64：161-178.

[5] Yu S，Yu B，Wei S，et al. View-based greenery: A three-dimensional assessment of city buildings' green visibility using Floor Green View Index[J]. Landscape & Urban Planning，2016，152：13-26.

图3-9 情景可视化示例

（引自张晓彤等[1]，2010）

3.2.3.2 三维可视化技术

在三维可视化技术（3D-Visualization）的支持下，各利益相关者能够以更加直观的方式进行交流。作为有价值的交流工具，基于GIS的三维景观可视化显示了巨大的潜力。三维可视化是提升参与式规划信息交流的有效手段，与传统二维地图相比，三维可视化技术以更加直观的形式表达事实及规划人员的意图，使规划参与者能够理解得更准确。特别是在乡村空间规划中，参与者通常不具备专业知识，三维可视化手段可使参与者能够感知得更直观。

随着三维可视化手段的不断进步，虚拟地球技术、虚拟现实技术（VR）等不同的三维可视化技术不断应用到参与式规划中（Smith et al.[2]，

① 张晓彤，宇振荣，王晓军，等. 场景可视化在乡村景观评价中的应用[J]. 生态学报，2010，30（7）：1699-1705.

② Smith，Legge E，Bishop，et al. Scenario Chooser：An interactive approach to eliciting public landscape preferences[J]. Landscape & Urban Planning，2012，106（3）：230-243.

2012）。虚拟现实技术是一种以直观、互动的方式呈现空间发展趋势的技术。它允许政策制定者和当地社区以及规划者自己在空间发展之前体验并更好地了解相关环境的变化，从而在整个规划过程中实现信息共享和建立共识，进一步增强虚拟现实在公众参与中的作用。

计算机技术的迅速发展使得生产复杂和逼真的三维可视化更为容易，甚至技术实现能力已经领先于对其应用场景的研究（Al-Kodmany[1]，2001；Orland et al.[2]，2001；Wergles and Muhar[3]，2009），但因为三维可视化的应用会影响参与者的感知和决策，因此同样需要确保标准化的技术应用方法和适宜于三维景观可视化应用的参与式规划过程的公正性，以保证优质的规划过程（Ervin[4]，2001；Sheppard and Picard[5]，2016；Appleton and Lovett[6]，2005）。

许多研究分析了三维可视化工具在规划中应用的各方面利弊，以优化不同利益相关者对其的应用。例如比较不同的显示方式（Dockerty et al.[7]，

① Al-Kodmany K. Using visualization techniques for enhancing public participation in planning and design: process, implementation, and evaluation[J]. Landscape & Urban Planning, 1999, 45（1）: 37-45.

② Orland B, Budthimedhee K, Uusitalo J. Considering virtual worlds as representations of landscape realities and as tools for landscape planning[J]. Landscape & Urban Planning, 2001, 54（1）: 139-148.

③ Wergles N, Muhar A. The role of computer visualization in the communication of urban design—A comparison of viewer responses to visualizations versus on-site visits[J]. Landscape & Urban Planning, 2009, 91（4）: 171-182.

④ Ervin S M. Digital landscape modeling and visualization: a research agenda[J]. Landscape & Urban Planning, 2001, 54（1）: 49-62.

⑤ Sheppard S, Picard P. Visual-quality impacts of forest pest activity at the landscape level: A synthesis of published knowledge and research needs[J]. Landscape & Urban Planning, 2006, 77（4）: 321-342.

⑥ Appleton K, Lovett A. GIS-based visualisation of development proposals: Reactions from planning and related professionals[J]. Computers, Environment and Urban Systems, 2005, 29（3）: 321-339.

⑦ Dockerty T, Lovett A, Sünnenberg G, et al. Visualising the potential impacts of climate change on rural landscapes[J]. Computers Environment & Urban Systems, 2005, 29（3）: 297-320.

2005; Wergles and Muhar[1], 2009), 通过优化可视化方法增进其交互性, 使使用者沉浸在参与式规划过程中(Ghadirian and Bishop[2], 2008; Williams et al.[3], 2007)。或者通过与现实问题有关联的虚拟景观语境, 来激励观众增强其获取相关信息的注意力(Wissen et al.[4], 2008)。还有学者通过媒体的介入来体现规划过程中社会功能的重要性(Dransch[5], 2000), 从而促使各方利益相关者在收集、探索、分析问题等环节的协作, 进而共同设计、评价、比较和选择可能的解决方案(Andrienko et al.[6], 2007)。然而, 规划任务和三维可视化数据之间的联系, 以及规划过程中三维可视化的作用, 依然是缺乏量化测评标准的: 三维可视化高度依赖规划过程的合理性, 特别是需要着重考虑个体感知和对可视化工具的接受程度(Nicholson-Cole[7], 2005; Lewis and Sheppard[8], 2006)。图3-10为三维可视化示例。

① Wergles N, Muhar A. The role of computer Visualization in the communication of urban design—A comparison of viewer responses to visualizations versus on-site visits[J]. Landscape & Urban Planning, 2009, 91(4): 171-182.

② Ghadirian P, Bishop I D. Integration of augmented reality and GIS: A new approach to realistic landscape visualisation[J]. Landscape & Urban Planning, 2008, 86(3): 226-232.

③ Williams K J H, Ford R M, Bishop I D, et al. Realism and selectivity in data-driven visualisations: A process for developing viewer-oriented landscape surrogates[J]. Landscape & Urban Planning, 2007, 81(3): 213-224.

④ Wissen U, Schroth O, Lange E, et al. Approaches to integrating indicators into 3D landscape visualisations and their benefits for participative planning situations[J]. Journal of Environmental Management, 2008, 89(3): 184-196.

⑤ Dransch D. The use of different media in visualizing spatial data[J]. Computers & Geosciences, 2000, 26(1): 5-9.

⑥ Andrienko G, Andrienko N, Jankowski P, et al. Geovisual analytics for spatial decision support: Setting the research agenda[J]. International Journal of Geographical Information Science, 2007, 21(8): 839-857.

⑦ Nicholson-Cole S A. Representing climate change futures: a critique on the use of images for visual communication[J]. Computers Environment & Urban Systems, 2005, 29(3): 255-273.

⑧ Lewis J L, Sheppard S R J. Culture and communication: Can landscape visualization improve forest management consultation with indigenous communities ? [J]. Landscape & Urban Planning, 2006, 77(3): 291-313.

图3-10　三维可视化示例

（引自 Lindquist et al.[①]，2016）

3.2.3.3　参与式地理信息系统

随着地理信息技术的发展，将地理信息技术与参与式规划方法相结合，产生了"参与式地理信息系统（Participatory GIS）"。参与式地理信息系统是利用草图绘制、地形图、遥感影像、航拍图、GIS产出或其他地理参考资料进行本地尺度（社区）的参与方法（如 Brown et al.[②]，2014；Bijker and Sijtsma[③]，2017），图3-11为参与式地理信息系统应用现场示例。GIS的技术工具，会为一系列传统的参与式制图工具增添附加值。在PGIS中，关键的流线是"P"，参与将贯穿全过程。地图的决策、设计，知识的获

① Lindquist M，Lange E，Kang J . From 3D landscape visualization to environmental simulation：The contribution of sound to the perception of virtual environments[J]. Landscape and Urban Planning，2016，148：216-231.

② Brown G，Schebella M F，Weber D. Using participatory GIS to measure physical activity and urban park benefits[J]. Landscape & Urban Planning，2014，121（1）：34-44.

③ Bijker R A，Sijtsma F J. A portfolio of natural places：Using a participatory GIS tool to compare the appreciation and use of green spaces inside and outside urban areas by urban residents[J]. Landscape & Urban Planning，2017，158：155-165.

取、更新和分享，规划方案的确认和分析，规划结果的传播与其他，这些都需要参与。

图3-11　参与式地理信息系统应用现场示例

（笔者拍摄）

　　参与式地理信息系统已广泛应用于参与式规划过程中，以更加直观的形式辅助参与式规划过程的信息收集、处理及可视化。随着网络地理信息技术的发展，基于网络架构的参与式地理信息系统被应用于信息收集。如 Paolotti et al.[①]（2013）使用了一个基于互联网的数据收集应用程序，使用谷歌地图界面，要求参与者将数字标记拖放到地区地图上进行数据收集。研究表明，基于网络的PSS可以以非专业用户易于理解的形式展示信息、促进人际沟通、展示相关场景以及帮助公众表达其兴趣，从而有助于规划实践。图3-12为制定公众参与地理信息系统解决方案的拟议参与框架示意。

3.2.3.4　丰富图和认知概念图

　　丰富图（Rich Pictures）是一种图表工具，是作为软系统方法论的一部分开发的（Winter et al.[②]，1995）。丰富图利用剪贴画、文本和符号来表示

---

① Paolotti D，Carnahan A，Colizza V，et al. Web-based participatory surveillance of infectious diseases：the Influenzanet participatory surveillance experience[J]. Clinical Microbiology & Infection，2013，20（1）：17-21.

② Winter M C，Brown D H，Checkland P B. A role for soft systems methodology in information systems development[J]. European Journal of Information Systems，1995，4（3）：130-142.

基于景观媒介的交互式乡村规划方法及其实证研究

082

一组人如何思考一个特定的问题（图3-13）。Bell and Morse[①]（2013）认为
丰富图允许人们画出可能无法书写或语言描述的自己认为的东西，是一种
强大的智力和参与性工具。

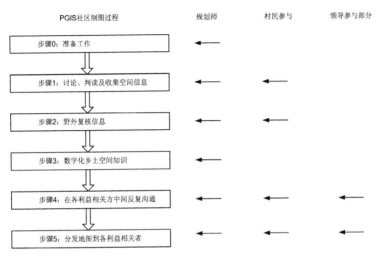

图3-12 制定公众参与地理信息系统解决方案的拟议参与框架示意

（笔者绘制）

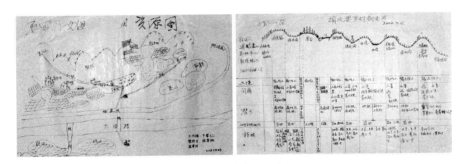

图3-13 丰富图示意

（笔者团队拍摄）

　　认知概念图（Cognitive Concept Mapping）是有组织知识的图形化表
示，直观地说明了知识域中元素之间的关系。概念图产生一个网络，其中
概念（节点）通过定向链接（边）连接。这些链接被标记为表示语义或其他

---

① Bell S，Morse S. Rich pictures：a means to explore the 'sustainable mind'？[J]. Sustainable
　　Development，2013，21（1）：30-47.

有意义的关系。

　　用概念图来表示知识的论点来自建构主义心理学，它假定个体通过创造心理系统来积极地构建知识，这些心理系统有助于对环境刺激和经验进行分类、解释和赋予意义（Raskin[1]，2002）。以这种方式"建构"的知识形成了个体对周围世界运作的有组织理解的基础，从而影响与之适应的互动的决定。

3.2.3.5　因果回路图

　　在系统动力学建模中，通常使用因果循环图来表示关键变量和关系，这些变量和关系是用来解释动态行为的。因果回路图（Causal Loop Diagram）方法使用的约定数量相对较少，因此使用起来很简单，即使对于非技术受众也是如此（Lane[2]，2000）。箭头表示因果关系，其中关系由方向指示（即正方向或负方向）。绘制因果回路图的重点是引出和表示反馈循环以及解释问题行为的延迟。Lane[3]（2010）对因果回路图在系统动力学中的应用进行了一次重要的回顾，并注意到因果回路图的作用从后端工具转变为对从模拟模型（即解释模式）到前端模型概念化工具的输出行为进行通信。

　　因果回路图可以作为一种独立的模型概念化方法，而不必扩展到系统动力学模拟模型的阶段。因果回路图方法因其简单性和提供问题结构的汇总或战略视图的能力而受到赞誉，这有助于保持对反馈循环的关注，而不是对细节的关注。这种方法也受到了批评（Morecroft[4]，1982；Andersen

① Raskin J D. Constructivism in psychology：Personal construct psychology，radical constructivism，and social constructionism[J]. Journal of Constructivist Psychology，2002，27（1）：1-13.

② Lane，D. C. Diagramming conventions in system dynamics[J]. Journal of the Operational Research Society，2000，51（2）：241-245.

③ Lane，D. C. The emergence and use of diagramming in system dynamics：a critical account[J]. Systems Research & Behavioral Science，2010，25（1）：3-23.

④ Morecroft J D W. Managing product lines that share a common capacity base [J]. Journal of Operations Management，1982，3（2）：57-66.

and Richardson[①]，2015），例如不遵守积累的基本原则，这可能导致对问题动力学的模棱两可和令人生畏的推论。Sedlacko et al.[②]（2014）发现，为了达到效果，因果回路图要求团队对变量的含义和系统的工作方式有一个一致的本体论。否则，就有可能产生一个浅层的图表，它既隐藏了对给定问题的意想不到的深度，也隐藏了对不同斯塔克霍德精神模型和观点之间差异的有趣见解。

3.2.4 客观定量相关技术

客观定量相关技术是指在参与式规划过程中，使用客观的技术手段和数据，建立客观定量分析模型，对规划过程中的参数、方案进行定量化的分析和模拟，辅助各利益相关者对规划问题的认识和科学判断。针对乡村景观评估、规划的主要客观定量技术包括地理信息技术、经验建模、成本效益和其他经济分析、系统动力学、贝叶斯网络、元胞自动机、多智能体模型、集成建模等。

3.2.4.1 成本效益分析

成本效益分析（Cost Benefit Analyses）可作为项目管理过程的一部分进行，尤其是在规划周期的最新阶段，以帮助评估决策（或投资）的效益和成本。经济分析有助于指导政策备选方案的设计和最终选择，以及相关的系统方案设计和预测。经济分析可用于将总货币价值放在利息的具体来源上（Ellerbrock[③]，1992）。

总价值通常由"使用价值"和"非使用价值"组成。使用价值可进一

---

① Andersen D F，Richardson G P. Scripts for group model building[J]. System Dynamics Review，2015，13（2）：107-129.

② Sedlacko M，Martinuzzi A，Røpke I，et al. Participatory systems mapping for sustainable consumption：Discussion of a method promoting systemic insights[J]. Ecological Economics，2014，106（1）：33-43.

③ Ellerbrock M J. Sustainable Investment and Resource Use：Equity，Environmental Integrity and Economic Efficiency[J]. Ecological Economics，1992，8（1）：77-79.

步分为"直接使用值"(例如:渔业)、"生态功能值"(例如:水的可用性)和"选项值"(例如:对地面的潜在保护)。非使用价值可以采取"存在价值"(例如,了解物种存在的满足感)或"遗赠价值"(例如,为下一代保留资源)的形式。经济分析也可用于帮助确定获取额外数据或信息的价值或效益。

3.2.4.2 经验建模

经验建模(Empirical Modeling)是指利用观察数据和经验数据来识别和量化利益因素之间的关系的过程。与基于机械过程的建模形成对比,EM 有时被称为"最佳"建模(Laniak et al.[1],2008)。在经验模型中,数学关系是从数据中推导出来的。它们经常在建模项目的早期被用来探索、解释和理解可用的定量数据。这些模型有时被称为黑盒模型,因为它们是作为处理信息的闭合设备运行后,而不解释涉及的过程或参数(Refsgaard et al.[2],2005;Serrat Capdevila et al.[3],2011)。这些模型完全由可用的特定数据驱动,在该数据涵盖的范围之外使用(外推)是有风险的。尽管它们的准确性可能非常高,但因为它们不一定解释因素之间的现实关系,所以它们可能难以在参与式规划过程中使用或交流(Basco-Carrera et al.[4],2017)。

3.2.4.3 贝叶斯网络

贝叶斯网络(Bayesian Networks)是一种统计建模方法,采用单向网

① Laniak, Gerard F, Rizzoli, et al. Thematic Issue on the Future of Integrated Modeling Science and; Technology Preface[J]. Environmental Modelling & Software, 2013, 39: 1-2.

② Refsgaard, J. C. Quality assurance in model based water management -review of existing practice and outline of new approaches[J]. Environmental Modelling & Software, 2005, 20 (10): 1201-1215.

③ Serrat-Capdevila A, Scott R L, Shuttleworth W J, et al. Estimating evapotranspiration under warmer climates: Insights from a semi-arid riparian system[J]. Journal of Hydrology, 2011, 399 (1): 1-11.

④ Basco-Carrera L, Warren A, Beek E V, et al. Collaborative modelling or participatory modelling? A framework for water resources management[J]. Environmental Modelling & Software, 2017, 91: 95-110.

络的形式，即有向无环图（DAG）。节点表示问题中的变量，而链接表示这些变量之间的因果关系。变量通常采用具有一定概率的离散状态。图形化的表示使贝叶斯网络直观且有助于传达模型假设、不确定性以及变量之间的复杂交互，尤其是与非技术利益相关者群体的交互（Chenab[1]，2012；Carmona et al.[2]，2013）。

除了定性和图形化组件，即DAG，贝叶斯网络还使用条件概率表（CPT）来量化因果变量（父节点）和子变量之间的优势和概率关系（Pearl[3]，2009）。贝叶斯网络可以使用和整合定性数据（例如，从专家或文献中获得的先前知识）和定量数据（例如，调查数据）。贝叶斯网络还具有其他优点，例如：能够处理丢失的观测数据，对少量数据的潜在高精度，以及支持基于场景的分析。

3.2.4.4 元胞自动机

元胞自动机（Cellular Automata）是一种简单而强大的建模方法。CA模型由位于规则网格空间（如方格）中的有限状态和离散状态的单元组成。每个单元的状态在每个离散时间根据规则进行更新，同时考虑单元及其相邻单元在一定距离内的状态。这种建模方法特别适用于空间建模，其中景观被表示为一个单元格网格，每个单元格由一个特定状态描述，该状态可以根据其当前状态和与其他单元格的交互而改变为其他状态之一。这种方法通常用于模拟土地利用变化（Veldkamp and Fresco[4]，1996；Batty et al.[5]，

① Chenab S H. Good practice in Bayesian network modelling[J]. Environmental Modelling & Software，2012，37（17）：134-145.

② Carmona G，Varelaortega C，Bromley J. Participatory modelling to support decision making in water management under uncertainty：two comparative case studies in the Guadiana river basin，Spain[J]. Journal of Environmental Management，2013，128（20）：400-412.

③ Pearl J. Causality：Models，reasoning，and inference[J]. Publications of the American Statistical Association，2009，100（471）：1095-1096.

④ Veldkamp A，Fresco L O. clue-cr：an integrated multi-scale model to simulate land use change scenarios in Costa Rica[J]. Ecological Modelling，1996，91（1-3）：231-248.

⑤ Batty M，Xie Y，Sun Z. Modeling urban dynamics through GIS-based cellular automata[J]. Computers Environment & Urban Systems，1999，23（3）：205-233.

1999；Verburg et al.[1]，2006）。平行计算可以通过将网格空间划分为更小的空间来实现，这样可以模拟大型景观和/或详细的空间分辨率。

3.2.4.5 多智能体模型

多智能体模型（Agent Based Modeling）是一种模拟方法，用于描述系统行为和状态随时间推移产生的变化。多智能体模型不考虑代表整个实体的聚合、全局变量（人口、水量、能源、材料等），而是着眼于从个体中产生的系统级和宏观模式，这些模式会破坏元素及其相互作用；这是一个自下而上的过程（Bonabeau[2]，2002）。

多智能体模型的主要元素称为代理，由属性（状态、位置等）、行为规则以及与其他代理和环境的交互表示。一些代理能够根据特定的规则或目标（例如，最大化利润）作出决策，甚至能够根据其他代理的过去经验和表现学习调整其行为。代理人的偏好和根据环境采取行动的能力，以及学习和采用新做法的能力各不相同，一般通过他们的社交网络传播这些做法。

3.3 适用于交互式乡村规划的要素选择

3.3.1 针对乡村的交互式规划的基本出发点

3.3.1.1 针对不同阶段、目的采取不同交互方法

在乡村规划不同阶段中，某一种交互方式及其所使用的方法和工具，必须在一定的环境下、针对特定利益相关者时才是适合的。在组织任何形式的交互式规划过程前，必须花时间去分析计划采用的方法。各规划阶段中的交互存在一定的自然交叉和相互联系，导致交互过程中可能出现复杂

---

① Verburg P H，Veldkamp A，Rounsevell M D A. Scenario-based studies of future land use in Europe[J]. Agriculture Ecosystems & Environment，2006，114（1）：1-6.

② Bonabeau E. Agent-based modeling：methods and techniques for simulating human systems[J]. Proc Natl Acad Sci U S A，2002，99（10）：7280-7287.

性和不确定性。这也决定了交互式乡村规划必须强调系统性、多样性、综合性和全面性的乡村规划目标，并针对不同的规划目的采取不同的规划方法，其主要特征见表3-5。

交互式乡村规划的主要特征   表3-5

主要特征 Main Characters	特征的简要描述 Brief Description of Characters
广泛性 Universality	规划提供更广大公众的参与和教育，而不仅是特定利益群体的代表
共识性 Consensus	规划决策要寻求可持续的、能包容所有意见的解决方案
对话 Dialogue	真实的、开放的、包容的和平等的规划过程，能够鼓励所有人都参与，无论其阶级、性别、种族、宗教、年龄、教育程度还是其他
赋权 Empowerment	无论是政府推动的还是社区主导的乡村规划，参与者要控制完全的决策权，鼓励参与者学习，以更好地理解复杂问题
当地性 Locality	在邻里层面上，规划决策能直接来自更多的参与者
多层面性 Multi facet	规划中，公众关注从战略、长期政策愿景到具体项目实施的所有层面
持续性 Sustainability	持续、全程地影响规划决策

（笔者整理）

3.3.1.2 专家技术和乡土"公众利益"的结合

传统乡村（景观）规划者把自己看作一个客观而中立的规划"专家"，可以服务于"公众利益"。但是交互式规划认识到乡村景观具有多样性，并努力尝试去辨识清楚每个群体的利益所在。交互式乡村规划者通过协调各种文化的多元性与技术统治论调的多元化来服务于乡村公众利益，换言之，规划者通过成为调停者、主持人和沟通者来服务于乡村的公众。纵使这样，规划者单纯地奉行多元文化主义观点，把不同"公众"和"利益"区分开来仍十分困难，这是因为即使一个乡村社区中的人群很小，规划者也不可能完全确定这些人群中每个人的利益。

规划者只能求助于"乡土知识"的挖掘与运用。理性的科学知识要最大限度地重视当地公众的需要和关注，由群众自己发展和接受的科学形式要比仅限于通过正式科学方法得到的知识更有效。如果没有现代科技和乡土知识的结合（二者对比见表3-6），规划不可能赢得足够的群众支持，公众也不可能经历对制定规划决策做出贡献所必需的"社会学习"过程。

专业知识与乡土知识对比 表3-6

差异体现 Embodiment of Differences	专业知识 Professional Knowledge	乡土知识 Local Knowledge
目的和任务 Target & Task	认识自然和社会，探求科学界和社会发展的客观规律，以获得关于自然界和人类社会活动的本质性认识	为当地社区解决生产生活问题提供基本的策略，尤其是对于贫困地区来说，乡土知识系统是村民赖以自然生存的根本
获取途径 Approach of Achieving	通过人对自然界有目的的科学活动而获得	口头相传，或者通过实践活动的模仿和展示来获取
研究方法 Research Method	通过规范、严谨、求实的科学活动(实验和数理推演等)进行研究。整个过程要求排除主观意志、情感等非理性因素及虚幻等	依靠当地人每天生活实践的经验积累，通过农民的经验、教训和试验不断地使它得到加强、补充和巩固。在世世代代的传承中通过不断的实践补充完善。没有固定的模式是遵循的法则
成果形式 Form of Achievement	研究论文、报告、专利等具有规定形式，符合一定标准的书面文字或产品	没有规定形式和制定标准的口头话语，且只在日常生产生活中得以体现
掌握知识群体 Knowledge Groups	占人类中的小部分，随着文明的进步得以大面积普及，但是其所占比例依然不可观	全人类的绝大部分
适用基础 Basis	基于生产实践，在适用上具有普遍性、广泛性和全球性	一个特定的地方和一系列经验的积累，它是由生存在这些特定地方的居民所生产和发展的。具有地方性、文化特定性和环境局限性
影响力 Force	对全人类的文明进步有着广泛而深远的影响	作为一种地方性知识有其区域局限性，但是作为一个大的知识体系同样惠及全人类的乡村地区，在一定程度上，也影响着城市地区
发展 Development	随着生产生活需求的变化而不断发展前进，很多时候其发展超越了日常生产需求，成为高深理论，并在未来的某个时间得以应用	随着生产生活需求的变化以及文明的发展而动态变化，以其实用性为根本前提

（笔者整理）

专业规划技术不可能靠自身形成解决方案，无论规划者如何完善自己的知识，也无论规划者怎样提高自然在信息处理、策划和预测预报方面的能力，如果没有在交互过程框架下真正发展社区自身的规划决策能力，向规划中投巨资是徒劳无益的。这就是说，除非规划者（政府）取得公众对其规划方法的支持，否则这个规划方案将永远不会落地。

3.3.1.3 通过交互过程进行能力建设

规划中的社会学习理论强调必须把规划作为一个能力建设过程，也强调参与者通过规划中的交互过程进行学习。整个规划过程中的每个阶段如果没有智慧的参与和理解，规划必然是无活力的。

社会学习是规划师与公众间的"一个持续合作的大胆行动"，它不仅能教育社区，使社区参与到规划中，也能教育规划师，这种方法为"互动学习"，规划师扮演协调者的角色，致力于构建一个更自信的、政治上更积极的社区。不仅是规划者，当地政治家们也应当加入到参与过程中来，成为公众对话的发起者和协调者。表3-7为传统乡村规划与交互式乡村规划方法的对比。

传统乡村规划与交互式乡村规划方法的对比   表3-7

差异体现 Embodiment of Differences	传统乡村规划方法 Traditional Rural Planning Method	交互式乡村规划方法 Communicative Rural Planning Method
工作层面 Working Level	较高层面：省、县、流域	当地层面：村级、乡镇、小流域
主要行动者 key Actor	行业、省级和区域管理部门的技术人员	当地群众、地方管理部门、有技术背景的过程协调员（传统意义上的技术人员）
工作方式 Operation Mode	自上而下	基层的自下而上，与高层的自上而下相结合，尤其强调自下而上
焦点 Focus	根据科学分析评价制定出最佳的乡村发展方式，并通过采用激励机制或有关指令强化规划的实施	在当地需求、外来者的利益以及国家政策相互间寻找折衷方案并达成协议，来确定当地的可持续的、平等的发展机会。透明度至关重要
主要标准 Main Criteria	自然生态、社会经济、政府指令等	公众意见优先，政府政策与科学指导方针等相结合

差异体现 Embodiment of Differences	传统乡村规划方法 Traditional Rural Planning Method	交互式乡村规划方法 Communicative Rural Planning Method
实施 Implementation	按规定套路、刚性的方案实施，一般都有一定的时间限制	实施是一个过程，根据村民的步调和时间，分步骤实施
主要目标 Primary Target	按客观标准制定乡村某方面的最佳发展方式	加强当地利益相关者自我发展的能力，以当地的可持续发展为目标

（笔者整理）

3.3.2 交互式乡村景观规划的一般流程

3.3.2.1 广义规划流程

交互式乡村规划方法能鼓励村民参与到当地社区发展规划的决策过程中，以当地条件和农民的意愿为出发点，注意改善当地的社会经济状况，进而达到人口、资源、环境可持续发展的目的。依据交互式乡村规划在中国的实践经验，其过程可以总结为6个阶段，分为9个具体步骤（图3-14）。

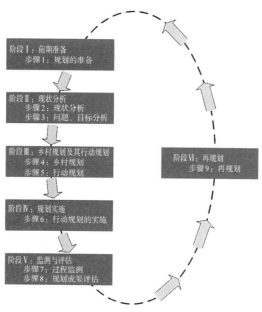

图3-14　广义交互式乡村规划流程示意

（笔者编绘）

- **阶段Ⅰ：前期准备**

步骤1：规划的准备。规划前的准备对一个适宜的、可持续的规划来说是重要的先决条件。规划队伍不仅需要收集规划区内必要的基本信息，而且需要评估现有的规划方法，以便将相关政策要求结合到规划过程中。

- **阶段Ⅱ：现状分析**

步骤2：现状分析。只有规划人员掌握了规划区的现状，乡村规划才能对问题的解决起到应有的作用。通过系统的问题分析，找出规划乡村内所有问题之间的关系，形成未来解决问题的基础。然后，所有的参与人共同确定规划目标和实现这一目标的途径。该步骤还可以促使当地参与人分析自己的生存现状，意识到他们存在的问题，并找到可能的解决办法。

步骤3：问题、目标分析。该步骤集中分析资源状况及问题。在规划乡村内，村民们分析与现有土地和资源利用相关的环境问题，然后，据此制作地图，形成未来乡村规划的基础。

- **阶段Ⅲ：乡村规划及行动规划**

步骤4：乡村规划。乡村规划将明确一个乡村或区域未来的安排。首先与村民讨论提出的每个规划选择，然后与规划专家和相关行业机构进行讨论。经政府批准后，作为该乡村区域未来项目行动的基础。

步骤5：行动规划。乡村发展项目的实施需遵循乡村规划的安排。然而，并非所有的未来规划选择和决策都能由政府下拨经费，有些行动由其他项目或村民根据规划自己加以实施。因此有必要为乡村制定预期可能得到支持的行动计划，这一计划应包括时间、责任人和资金预算等安排。

- **阶段Ⅳ：规划实施**

步骤6：行动规划的实施。行动规划的基础是乡村规划，其实施以自然资源的可持续管理和促进当地群众的生计条件为目的。确定了行动计划后，按部就班地完成计划，并根据监测与评估结果，随时调整实施的进程。

- **阶段Ⅴ：监测与评估**

步骤7：过程监测。需要建立参与式监测体系对实施过程进行有效的监测，及时控制和调整行动的实施过程。首先与村民一起讨论制定行动管理办法，签订各类实施合同，确定并提供技术支持和培训，促进有关机构对行动的支持，确定财政责任和行动计划，组织和管理资金等。这些过程都由村民选出的监测组实时进行监督。

步骤8：规划成果评估。为了使规划方法更符合实际情况，并得到进一步的改进，有必要对阶段性规划成果进行评估，并从中吸取经验和教训。它需要回答这样一些问题：我们如何、和谁来实现我们的目标？为什么有些做到了？为什么有些没有做到？我们是怎样做的？应如何改进？不断实践后，经调整和修改后的规划过程将更符合实际，使一个乡村庄规划更趋完善和具有可持续性。在新规划实施时仍需继续评估，以便持续地开展乡村建设。

- **阶段Ⅵ：再规划**

步骤9：再规划。根据监测与评估结果，选择适当的时机重复以上各阶段规划过程。

3.3.2.2 狭义规划流程

很多学者都将规划看作是一个"赋权"的过程，其牵扯到了政治、社会背景的制约和导向，是一个偌大的命题。本研究基于有限目标的原则，选择了广义规划流程中步骤2（现状分析），步骤3（问题、目标分析），步骤4（乡村规划）作为狭义规划流程，来开展本研究各项工作。

如此选择的原因主要有两点。首先，受篇幅影响，本研究内容相对聚焦在"技术方法"导向的研究范畴，不过多地涉及政策、体制等方向，减少一个考虑维度，有助于凝练相关技术方法体系。其次，"乡村景观规划"相对于"乡村规划"，其主要的差异表现在狭义规划流程的各方面。因此，本研究将乡村景观规划的狭义流程分为状态分析、问题辨识、矛盾解决和优化处理四个阶段：

- **阶段Ⅰ：状态分析**

对现阶段及历史景观表象进行描述和分析，通过交互参与的手段从本地居民群体中，获取景观历史演进的基本过程、现状景观的构成和形成驱动力，及其身后的背景信息，为后续各步骤的工作提供原始的素材资料。

● **阶段Ⅱ：问题辨识**

在对乡村景观状态进行初步分析的基础上，上升一个尺度，融入上一个层级和更多跨专业、行业的外围专家协作，通过对该区域可持续发展关键问题和景观特征的耦合判断，来辨识基于景观空间的本地化关键问题，寻求核心矛盾冲突点和对应的策略。

● **阶段Ⅲ：矛盾解决**

因为涉及个体利益之间、个体利益与公共利益间的平衡，对于未来规划实施中可能出现的矛盾冲突，需在最核心利益相关者间通过交互协商的方式寻求可行解决方案。

● **阶段Ⅳ：优化处理**

此阶段为可选步骤，如果在基本矛盾冲突得到解决后，需要在细节设计上进行多专业交叉处理，则通过不同专业相互交往，针对某一特定景观问题进行判断、优化和提升处理。

需要特别注意的是，如同广义流程中需要不断循环的过程一样，狭义的交互式乡村景观规划过程也不是线性的，在整体过程中和每个过程之间都会有不同程度的循环和迭代，这本身就是一种过程间"交互"的体现。以上流程仅作为一个指导我们工作的流程框架，辅助大家理解交互式乡村景观规划的大致程序。狭义交互式乡村景观规划流程如图3-15所示。

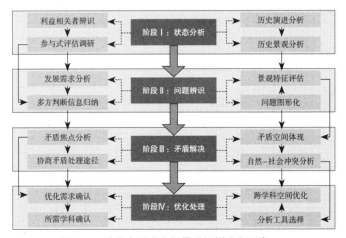

图3-15 狭义交互式乡村景观规划流程示意

（笔者编绘）

3.3.3 不同阶段交互主体的选择

不同利益相关者须要参与到公共事务的规划、决策过程中，这似乎是参与式民主要求的必需环节。但实际上，由于规划不同阶段所关注的目标、信息的对应以及产出的针对性都是不一的。如果不分主次和适宜性，所有的利益群体平等、统一地参与到所有的环节中，无疑是低效率的。甚至，在某些交互环节中，"相对弱利害相关"群体的过分介入，很有可能导致规划过程的失控。因此，在乡村景观规划不同阶段交互主体（利益相关全体）的选择上，我们需要进行更为细致的辨识和划分（表3-8）。

不同阶段交互主体的选择   表3-8

	当地居民 Local People	政府 Government	规划师/专家 Planner/Experts
状态分析 State Analysis	这一阶段的主力，是相关信息的主要提供方	作为协调人和支持者，提供所需相关资料和数据	作为主持人，组织全体村民大会、小组会议以及一系列由社区内外利益相关群体参与的研讨会
问题辨识 Problem Identification	作为问题辨识、判断和提供建议的一方参与者	作为问题辨识、判断和提供建议的一方参与者	除了作为问题辨识、判断和提供建议的一方参与者，还需要将显著异质性的信息，进行有效凝练
矛盾解决 Contradictory Solution	是这一阶段最有可能出现的矛盾冲突方，个体之间以及个体同群体间的矛盾都需要得到重视	除了有可能作为冲突发生的一方外，还需作为资源的调动者，在核心冲突解决过程中，与各群体一起尽可能地调动乡村自然资源以及人力资源，寻找矛盾处理方式	作为监测者和协调者，要持续不断地对矛盾冲突解决过程的合理、合法性进行监测、评估，并且适时调整规划过程、行动领域及再规划
优化处理 Optimization	该阶段是解决了核心矛盾后的提升阶段，需要相对"专业"的人群进行处理，村民有可能作为本土知识的提供者参与其中	作为协调人和支持者，提供所需相关资料和数据	这一阶段的主力，各学科间需要弥合由于自身知识结构和背景不同而产生的差异性观点，提出相对最优的优化处理方案

（笔者整理）

在状态分析阶段，当地居民是主力，是相关信息的主要提供方；政府管理者作为协调人和支持者，提供所需相关资料和数据；规划师作为主持人，需要承担起组织全体村民大会、小组会议以及一系列由社区内外利益相关群体参与的研讨会的责任，来共同辨析当前乡村景观的状态。

在问题辨识阶段，所需要讨论问题的角度或视野都需要提高一个层级，在高一个层级来参与到问题辨识和判断的过程中来（图3-16）。这一阶段，当地居民和政府管理者都将作为问题辨识、判断和提供建议的一方参与者出现；而规划师及相对"外部"的专家除了作为问题辨识、判断和提供建议的一方参与者，还需要将显著异质性的信息，进行有效凝练。

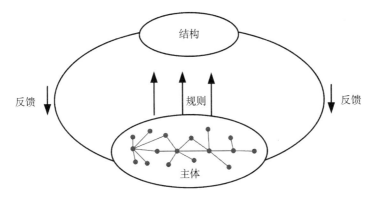

图3-16　交互主体的复杂性

（笔者绘制）

在矛盾解决阶段，当地居民是这一阶段最有可能出现的矛盾冲突方，个体之间以及个体同群体间的矛盾都需要得到重视；政府管理者除了有可能作为冲突发生的一方外，还需作为资源的调动者，在核心冲突解决过程中，与各群体一起尽可能地调动乡村自然资源以及人力资源，寻找矛盾处理方式；而作为监测者和协调者的规划师，要持续不断地对矛盾冲突解决过程的合理、合法性进行监测、评估，并且适时调整规划过程、行动领域及再规划。

优化处理各类景观问题是解决了核心矛盾后的提升阶段，需要相对"专业"的人群进行处理，村民有可能作为本土知识的提供者参与其中；政府管理者作为协调人和支持者，提供所需相关资料和数据；各学科的专业人士（包括规划师）是这一阶段的主力，各学科间需要努力弥合由于自身知识结构和背景不同产生的差异性观点，提出相对最优的优化处理方案。交互主体间相互作用关系如图3-17所示。

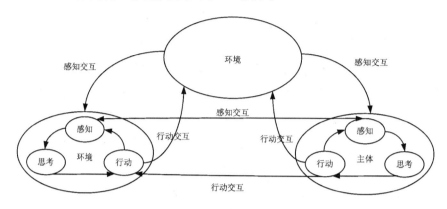

图3-17　交互主体间相互作用关系

（笔者绘制）

3.3.4　不同阶段交互方式的选择

如上所述，虽然在规划的各个阶段，公众参与的重要性似乎都没有什么异议，但需要注意的是，当我们将乡村景观狭义规划过程细分后发现，每一个细分环节所需要参与的主体和可能会遇到的问题、困难是不一样的。因此，我们需要在不同阶段采用不同的交互方式并配合所适宜的技术进行工作。不同参与主体在交互式规划中的作用力和受影响程度如图3-18所示。表3-9为不同阶段交互方式的选择。

在状态分析阶段，主要交互主体来自于当地居民内部。参与过程中，提供信息的村民有可能会出现过于发散的情形，使得规划者大部分的时间都用在没有知识壁垒的对话和交流上，使信息、知识和行动之间发生直接对应的关系。这一阶段，需要在交互参与过程中应用可视化技术手段，迅速归纳多方信息，并固化成间断性成果，避免"无效的沟通"。

整个规划过程中参与问题辨识的群体最为广泛，甚至包括一些非直接利益相关群体。在这一阶段，交互参与的参与者来源通常比较多样，会代

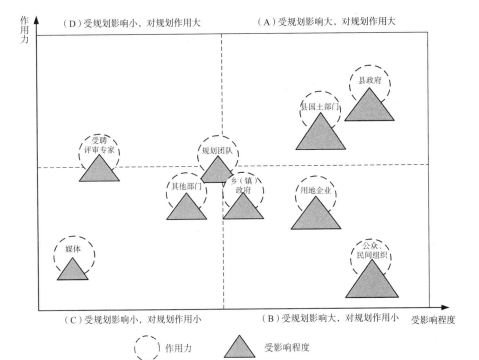

图3-18 不同参与主体在交互式规划中的作用力和受影响程度示例

（笔者绘制）

不同阶段交互方式的选择　　　　　　　　　表3-9

不同阶段 Various Stages	交互主体 Communicative Subjects	主要问题 Main Issues	交互方式 Communicative Methods
状态分析 State Analysis	主要发生在当地居民群体之间	参与过程中，提供信息的村民有可能会出现过于发散的情形，使得规划者大部分的时间都用在没有知识壁垒的对话和交流上，使信息、知识和行动之间发生直接对应的关系	在交互参与过程中应用可视化技术手段，迅速归纳多方信息，并固化成间断性成果，避免"无效的沟通"
问题辨识 Problem Identification	最为广泛的群体，甚至包括非直接利益相关群体	参与者来源通常比较多样，会代表更为广泛的利益群体，针对发生在复杂、动态环境中的预期判断，其特别关注在规划过程中探讨如何将规划过程变得更为公正，如何在多样化的社会背景下变得更为包容	通过协作式交互，将不同层次、不同出发点参与者可能提出的多样性信息进行凝练，以达到提供明晰的、可共享的(阶段性)规划成果，促进多方交互学习

不同阶段 Various Stages	交互主体 Communicative Subjects	主要问题 Main Issues	交互方式 Communicative Methods
矛盾解决 Contradictory Solution	发生在可能产生矛盾最为突出的利益群体之间，如政府、开发商和当地居民	利益相关方经常针对明确的规划对象，从不同的角度出发，会产生难于协调的问题，这些焦点矛盾往往同时涉及合情、合理、合法的问题	通过协商式交互，在规划过程中实时体现出对规划目标理性的分析和法律边界，尽量使协商内容保持在合理合法的框架内
优化处理 Optimization	发生在相对理性的群体，如不同学科学者间	其矛盾的核心出发点多源于自身知识结构和背景不同而产生的差异性观点，核心难点在于多方所需信息的差异性，以及表达形式的可接受度	通过交往式交互，提升能够满足各方信息接收和表达需求，并能使各方产生共鸣且获得相对一致理解的信息工具

（笔者整理）

表更为广泛的利益群体。因此针对发生在复杂、动态环境中的预期判断，其特别关注在规划过程中探讨如何将规划过程变得更为公正，如何在多样化的社会背景下变得更为包容。为了提供明晰的、可共享的阶段性规划成果，促进多方交互学习，需要通过协作式交互，将不同层次、不同出发点参与者可能提出的多样化信息进行凝练。

在解决矛盾冲突的核心阶段，利益相关方经常针对明确的规划对象，从不同的角度出发，会产生难于协调的问题，这些焦点矛盾往往同时涉及合情、合理、合法的问题。我们尝试通过协商式交互，在规划过程中实时体现出对规划目标理性的分析和法律边界，尽量使协商内容保持在合理合法的框架内。

景观细节设计、优化处理过程中的交互，发生在相对理性的群体，如不同学科学者间。其矛盾的核心出发点多源于自身知识结构和背景不同而产生的差异性观点，核心难点在于多方所需信息的差异性，以及表达形式的可接受度。可以通过交往式交互，提升能够满足各方信息接收和表达需求，并能使各方产生共鸣且获得相对一致理解的信息工具。

3.3.5 不同阶段交互技术的选择

参与式规划过程中，获取并迅速凝练项目的相关信息及各利益相关者的观点、期望、诉求等信息，是参与式规划成功实现规划目标的基础。沟通式规划在迅速凝练过程信息方面的途径通常包括主观定性的信息收集及凝练手段、借助客观工具和方法的信息凝练手段等：主观定性的信息收集及凝练手段主要通过文献查询、面对面访谈、座谈、研讨会等途径，收集各种信息，并经过规划者的主观判读，定性分析各利益相关者的观点、期望、诉求等各类规划关键信息。

协作式规划要求管理者和规划师在规划决策过程中听取不同利益相关者群体的声音。在"多元文化共存，经济多元化发展，利益主体日益多样化"的社会背景下，由于协作多方利益的多样化，如何辨析和归纳各方观点，梳理出众多观点之间的逻辑关系成为协作式规划的关键。

利益相关者的参与有助于促进冲突各方之间的沟通和信任建立，增加信息和知识交流，从而加强相互学习，是缓解或解决规划冲突的一个好工具。但事实上，参与式流程也有局限性，在这一过程中，权力可能在参与者之间被不平等地分配，从而导致不满意的结果。此外，部分预期过程的设计和实施失败往往会产生错误的预期、不信任，甚至会产生新的冲突或深化的现有冲突。情景模拟技术及其他相关科学分析技术可应用于这一阶段。

在交往式规划中，由于规划参与者通常来自地理、人文、建筑、大地测量、生物和林业等不同的专业，如何弥合学科理解差异是交往式规划需要解决的一个重要问题。图示化语言是不同学科间能够无偏差理解的基本语言。因此，借助参与式地理信息系统、三维可视化技术等技术，可有效降低学科理解差异。协作式规划过程中使用情景模拟技术、科学分析工具（如空间分析工具），应用不同学科的科学模型对同一规划目标进行科学分析及评价，生成不同情景模式下的规划场景，可发挥多学科优势，并能减少不同学科理解误差。不同阶段交互技术如何选择见表3-10。

	主观交互 Communication between Subjcts		主客观交互 Communication between Subject and Object	
	定性技术	定量技术	定性技术	定量技术
状态分析 State Analysis	半结构访谈 小组座谈 逻辑树分析 自由列举		参与式地理信息系统 三维可视化 遥感/地理信息大数据	
问题辨识 Problem Identification	座谈与讨论 问题排序 角色扮演	情景构建 层次分析 文化共识评估	案例分析 丰富图和认知概念图 因果回路图	统计资料 成本效益分析
矛盾解决 Contradictory Solution	小组座谈 角色扮演 排序打分	情景构建 层次分析	丰富图和认知概念图 三维可视化	贝叶斯网络 元胞自动机 多智能体模型
优化处理 Optimization		经验建模 模糊认知映射	情景可视化 参与式地理信息技术	成本效益分析 系统动力学 模型模拟

（笔者整理）

3.3.6 交互式乡村规划设计方法体系框架

　　基于乡村空间问题及传统乡村规划方法的不足与优点，将交互式规划方法纳入乡村规划的各个步骤，形成以"景观"作为媒介的交互式乡村规划设计方法体系框架（图3-19）。在乡村发展状态分析阶段，针对历史演进路径、现状构成要素、形成动力等问题，在乡村社区内部群体间，通过交互参与，迅速归纳多方信息，并固化成间断性成果，避免"无效的沟通"；在关键问题辨识阶段，针对当地发展持续力、协调性和包容性等问题，在政府管理者和各界专家学者间，通过交互协作，将不同层次、不同出发点参与者可能提出的多样化信息进行凝练；在矛盾冲突解决阶段，针对矛盾冲突的来源与体现，矛盾的社会、自然约束等问题，在政府管理者和当地居民群体间，通过交互协商，在规划过程中实时体现出对规划目标理性的分析和法律边界；在优化设计提升阶段，根据矛盾冲突解决方确认需要优化设计的景观细节，并在各界专家学者、规划师、设计师间，通过交互交往，应用提升能够满足各方信息接收和表达需求，并能获得一致理解的信息工具。规划师需要提供一个丰富且开放的工具包，在每个交互环节选取更加适宜（需要考虑技术成熟度和群体接受度）的工具提高交互效率。

图3-19　交互式乡村规划设计方法体系框架

（笔者绘制）

"景观"自身就是一个"交互"过程中的良好媒介，可以使那些不可视的、不能被广泛理解的信息通过可视的、可以被判断的要素、特征或符号媒介，形成沟通行动中的"理想语境"。在通过景观这个媒介对乡村进行规划的各个阶段，每一个细分环节所需要参与的主体和可能会遇到的问题、困难是不一样的。

本章从不同角度解构对于景观的认识论，梳理乡村景观规划的交互式工作框架、交互判断的依据和交互媒介的类型，以主观—客观、定性—定量两个维度总结交互式乡村景观规划的适用技术，凝练交互式乡村景观规划的流程以及对于不同阶段交互主体、交互方式和交互技术的选择。得到基本结论如下。

乡村景观不仅直接或间接影响人们的生活质量，也因其"被感知"的属性成为重要的信息资源。我们可以把这种信息资源看作是人类对所处景观的感知，也是一种对外在环境的判断。因此，在对以"景观"作为媒介的交互式规划方法进行论述之前，必须要辨识清楚从主观、客观及其相互交互间等不同导向，对于景观概念的认知。

在交互式乡村规划的不同阶段中，某一种交互的方式及其所使用的方法和工具，必须在一定的环境下，针对特定利益相关者才是适合的。在组织任何形式的交互式规划过程前，必须花时间去分析计划采用的方法。各规划阶段中的交互存在一定的自然交叉和相互联系，导致交互过程中可能出现复杂性和不确定性。这也决定了交互式乡村规划必须强调系统性、多样性、综合性和全面性的乡村规划目标，并针对不同的规划目的采取不同的规划方法。

在交互式乡村规划过程中，需要通过状态分析：通过交互参与的手段从本地居民群体中获取景观历史演进的基本过程及身后的背景信息；问题辨识：通过对该区域可持续发展关键问题和景观特征的耦合判断，来辨识基于景观空间的本地化关键问题，寻求核心矛盾冲突点和对应的策略；矛盾解决：通过交互协商，最核心利益相关者间通过交互协商的方式寻求可行的解决方案；优化处理：通过不同专业相互交往，针对某一特定景观问题进行判断、优化和提升处理。

本研究中案例研究选择思路如图3-20所示。

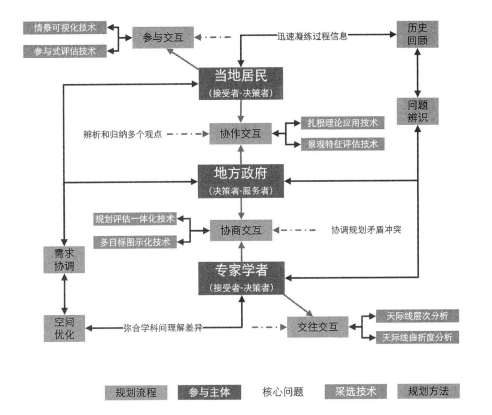

图3-20　案例研究选择思路示意

（笔者编绘）

第4章

基于交互参与方法的乡村景观状态分析研究

——以贵州省贞丰县对门山村历史景观演进研究为例

在乡村规划中最为普遍的参与者是村民，尤其是在对自己祖辈生活的乡村进行状态分析的过程中，作为乡土知识的拥有者，村民的作用尤其重要。通过交互参与过程，从村民群体中发掘有效信息，对于清晰掌握乡村发展演变历程、状态意义重大。也因此，很多规划技术的拓展（如Shah and Baporikar[①]，2010；Garcia-Martin et al.[②]，2017），都是以有利于达成村民间的高效参与为标准的。

虽然大多数村民在认知层次与知识结构上相对一致，但在实践中受无效信息冗余的影响，村民之间的讨论较容易发散且逻辑性不高，导致参与的效率和质量较低。如何通过新型的交互式场景生成技术，利用交互参与的方法，迅速凝练参与过程中的关键信息、固化既有参与目标的阶段性成果作为进一步交互过程的基础，从而提升参与的效率和效度是本章关注的焦点。

本章以贵州省贞丰县对门山村为例，将更易于当地村民理解和直接运用的三维电子沙盘工具结合参与式农村评估技术，从时空两个维度复原了村民记忆中的乡村历史景观；同时，使用三维电子沙盘的分析工具对复原历史景观中的土地利用、生态服务价值、景观格局等要素和指标进行了实时分析；将客观分析的数据与参与者对村庄发生重大事件和不同时期农事历的回忆进行现场比对，交互式地为村民和规划师提供主、客观信息的即时过程印证。

① Shah I A，Baporikar N. Participatory rural development program and local culture：a case study of Mardan，Pakistan[J]. International Journal of Sustainable Development & Planning，2010，5（1）：31-42.

② Garcia-Martin M，Fagerholm N，Bieling C，et al. Participatory mapping of landscape values in a Pan-European perspective[J]. Landscape Ecology，2017（3）：1-18.

本章采用的结合三维场景可视化的交互参与方法，解决了历史遥感数据的限制，为还原更为久远的农村历史景观提供了可能性。并且，与传统的基于二维 GIS 的 PGIS 相比，三维场景更容易让村民理解并参与其中，通过这一系列可视化技术手段，以较低的技术门槛、更直接的沟通方式，迅速凝练规划中各村民群体的多方信息，构建乡土知识与景观空间信息之间的桥梁，从而固化参与式规划的前期成果。

4.1 乡村历史景观演进研究

4.1.1 研究乡村历史景观演进的意义

乡村景观的过去和现状是当地人长期生产生活的结果，乡村未来发展的创造者也是当地人（张晓彤[①]，2010）。寻找乡村未来可持续发展的路径，不仅要了解乡村现状，还要熟悉其历史变迁，才能更好地把握乡村发展机理。乡村景观历史发展为我们提供了一个掌握乡村历史发展变革的介质（Duncan et al.[②]，1999；张晓彤等[③]，2010；Cullotta et al.[④]，2011；张灵超[⑤]，2011；Tortora et al.[⑥]，2015）。乡村景观作为乡村特有的可积累、可辨识的景观要素的有序叠加，客观地记录了乡村在时间和空间上的产生背景、演

---

① 张晓彤. 主客观结合的多功能农业景观评价研究[D]. 北京：中国农业大学，2010.

② Duncan B W，Boyle S，Breininger D R，et al. Coupling past management practice and historic landscape change on John F. Kennedy Space Center，Florida[J]. Landscape Ecology，1999，14（3）：291-309.

③ 张晓彤，宇振荣，王晓军，等. 场景可视化在乡村景观评价中的应用[J]. 生态学报，2010，30（7）：1699-1705.

④ Cullotta S，Barbera G，Inventory L，et al. Mapping traditional cultural landscapes in the Mediterranean area using a combined multidisciplinary approach：Method and application to Mount Etna（Sicily；Italy）[J]. Landscape & Urban Planning，2011，100（1）：98-108.

⑤ 张灵超. 历史乡村地理研究——徽州歙县丰南的个案[D]. 上海：复旦大学，2011.

⑥ Tortora A，Statuto D，Picuno P. Rural landscape planning through spatial modelling and image processing of historical maps[J]. Land Use Policy，2015，42：71-82.

变原因、基本过程以及内部机制，帮助我们理解伴随经济活动产生的景观过去是怎样形成的，到现在发生了什么样变化，以及为什么发生这些变化（Riley and Harvey[1]，2005；Bezant and Grant[2]，2016），从而为预测乡村未来发展方向以及制订相应的治理对策提供科学依据。

许多学者都发现，历史要素的表现"放大了今天的景观"（Lowenthal et al.[3]，2007；Mazora[4]，2017），并且对当地人对于景观的感知和偏好影响显著。作为长期在特定地域内从事生产、生活活动的当地村民，是当地景观的直接创造者、使用者和维护者，他们中的许多人不仅亲历了过去和现在的景观，总结和积累了丰富的乡村景观知识，而且世世代代运用这些知识，亲力亲为地在建设着这里的景观（Wang and Yu[5]，2008；王晓军等[6]，2015）。

村民最清楚其所在乡村内的景观变迁历程，最了解这里农耕景观存在的问题，也最有资格解释其背后的自然与人文驱动因素（Bell[7]，1999），是当地最有权威的"规划师"。他们在处理当地特殊的人地关系方面的智慧，对维持和改善当地景观以及村民自身的生计有不可替代的重要作用（Riley

[1] Riley M，Harvey D. Landscape archaeology，heritage and the community in Devon：An oral history approach[J]. International Journal of Heritage Studies，2005，11（4）：269-288.

[2] Bezant J，Grant K. The post-medieval rural landscape：Towards a landscape archaeology?[J]. Post-Medieval Archaeology，2016，50（1）：92-107.

[3] Lowenthal D，Olwig K R，Mitchell D. Living with and looking at landscape[J]. Landscape Research，2007，32（5）：635-656.

[4] Mazora A P. The（lost）life of a historic rural route in the core of Guadarrama Mountains，Madrid（Spain）. A geographical perspective[J]. Landscape History，2017，38（1）：81-94.

[5] Wang X J，Yu Z R，Cinderby S，et al. Enhancing participation：Experiences of participatory geographic information systems in Shanxi Province，China[J]. Applied Geography，2008，28（2）：96-109.

[6] 王晓军，周洋，鄢彦斌，等. 政策与农耕：石咀头村40年景观变迁[J]. 应用生态学报，2015，26（1）：199-206.

[7] Bell S. Landscape：Pattern，Perception and Process[M]. London：E&FN Spon，1999.

and Harvey[①]，2005；张晓彤等[②]，2009；Campos et al.[③]，2012；肖禾等[④]，2013）。因此，科学工作者、规划师要对一个特定乡村景观的形成、变迁及其驱动因素进行研究，需要通过非专业人士易于理解的手段，深入挖掘留存于社区成员集体记忆中的乡土景观知识，形成基于这些知识的新研究途径，这对拓宽和丰富景观变迁研究方法和内容都有重要意义。

4.1.2 乡村历史景观研究方法

目前对于生态史的研究多立足于多学科的沟通，以寻求自然与人文两种文化的对话，探索人类与其生存空间中诸多生态要素之间的生态关系及其历史演变轨迹（Morgan[⑤]，1994）。乡村景观生态知识主要是依赖自然科学来获取的，诸如采用历史变域（Historical Range of Variability）方法可以研究乡村历史景观在时间和空间尺度上的变化，通过非传统科学的途径来获取乡村历史景观信息（西村幸夫[⑥]，2007；衡先培等[⑦]，2016），比如农民在日常劳作中获得的地方性景观生态知识和经验。

---

① Riley M，Harvey D. Landscape archaeology，heritage and the community in Devon：An oral history approach[J]. International Journal of Heritage Studies，2005，11（4）：269-288.

② 张晓彤，宇振荣，王晓军. 京承高速公路沿线农民对多功能农业不同需求的研究[J]. 中国生态农业学报，2009，17（4）：782-788.

③ Campos M，Velázquez A，Verdinelli G B，et al. Rural people's knowledge and perception of landscape：A case study from the Mexican pacific coast[J]. Society & Natural Resources，2012，25（8）：759-774.

④ 肖禾，王晓军，张晓彤，等. 参与式方法支持下的河北王庄村乡村景观规划修编[J]. 中国土地科学，2013，27（8）：87-92.

⑤ Morgan P，Aplet G H，Haufler J B，et al. Historical range of variability：A useful tool for evaluating ecosystem change[J]. Journal of Sustainable Forestry，1994，2（1/2）：87-111.

⑥ 西村幸夫. 再造魅力故乡[M]. 北京：清华大学出版社，2007.

⑦ 衡先培，王志芳，戴芹芹，等. 地方知识在水安全格局识别中的作用—以重庆御临河流域龙兴、石船镇为例[J]. 生态学报，2016，36（13）：4152-4162.

Weinstoerffer and Girardin[①]（2000）宣称土地利用的实践有助于历史性概念的形成，并讨论了土地利用的变化对景观偏好的影响。Strumse[②]（1994）对单个景观要素的研究，显示人们对传统景观比现代景观要素具有更高的偏好。由于景观生态学对景观过程变化的关注，历史景观也成为生态学家非常关注的领域：如宇振荣和谷卫彬[③]（2000）通过四期遥感影像来关注村级尺度的景观变化规律；潘影等[④]（2009）利用历史景观变化规律来预测不同尺度景观的变化，并进行了模拟。

与利用遥感影像来评价现状景观一样（Weinstoerffer and Girardin[⑤]，2000；Palmer[⑥]，2004；Jessel[⑦]，2006），通过不同时期的遥感影像来复原历史景观是历史景观研究最重要的方法之一（Aynekulu et al.[⑧]，2006；Baldwin

① Weinstoerffer J., Girardin P. Assessment of the contribution of land use pattern and Intensity to landscape quality: Use of a landscape Indicator[J]. Ecological Modelling, 2000, 130: 95-109.

② Strumse E. Environmental attributes and the prediction of visual preferences for agrarian landscapes in western Norway[J]. Journal of Environmental Psychology, 1994, 14: 293-303.

③ 宇振荣，谷卫彬. 江汉平原农业景观格局及生物多样性研究：以两个村为例[J]. 资源科学，2000，22（2）：19-23.

④ 潘影，张茜，甄霖，等. 北京市平原区不同圈层绿色空间格局及生态服务变化[J]. 生态学杂志，2011，30（4）：818-823.

⑤ Weinstoerffer J., Girardin P. Assessment of the contribution of land use pattern and Intensity to landscape quality: Use of a landscape Indicator[J]. Ecological Modelling, 2000, 130（1-3）: 95-109.

⑥ Palmer J.F. Predicting scenic perceptions in a changing landscape: Dennis, Massachusetts[J]. Landscape & Urban Planning, 2004, 69: 201-218.

⑦ Jessel B. Elements, characteristics and character: Information functions of landscapes in terms of Indicators[J]. Ecological Indicators, 2006, 6: 153-167.

⑧ Aynekulu E, Wubneh W, Birhane E, et al. Monitoring and evaluating land use/land cover change using participatory geographic information system（PGIS）tools: A case study of begasheka watershed, Tigray, Ethiopia[J]. Electronic Journal on Information Systems in Developing Countries, 2006, 25（3）: 1-10.

基于景观媒介的交互式乡村规划方法及其实证研究

et al.[1]，2013，Tortora et al.[2]，2015）。然而，遥感影像的大范围应用仅仅是近十几年的事，对于乡村的覆盖率十分有限，无法满足历史景观资料的纵深获取。因此，乡村历史景观恢复离不开当地居民的参与。

乡村历史景观是研究乡村历史发展和进行乡村景观发展规划的重要依据。常规遥感影像提取空间信息通常受数据限制无法满足历史景观恢复的规划需求。乡村村民历史景观记忆则成为乡村历史景观恢复的一个重要数据源。规划师们早已认识到填平乡土知识与现代空间知识之间的"鸿沟"对高参与质量的沟通式规划的重要性。然而，他们受制于传统调研方法和表现手段的成本和效率，基于二维地图及调研表的传统方法无法使乡村村民直观地参与历史景观复原。

White[3]（2009）、王晓军[4]（2010）等创造性地采用参与式地理信息系统（PGIS）方法和高清晰正射影像，结合参与式农村评估（PRA）工具的运用，挖掘村民记忆中的乡土景观知识，作为其对村庄历史景观研究的数据来源。随着信息技术的发展，PGIS已经可以通过桌面应用（Brown and Brabyn[5]，2012）、手机应用（Brovelli et al.[6]，2016）、Web应用（Mekonnen and Gorsevski[7]，2015）等多种方式应用到参与式景观生成过程。

① Baldwin K，Mahon R，McConney P. Participatory GIS for strengthening transboundary marine governance in SIDS[J]. Resources Forum Natural，2013，37（4）：257-268.

② Tortora A，Statuto D，Picuno P. Rural landscape planning through spatial modelling and image processing of historical maps[J]. Land Use Policy，2015，42：71-82.

③ White J. Pre-transfusion testing[J]. ISBT Science Series，2009，4（1）：37-44.

④ 王晓军. 参与式地理信息系统研究综述[J]. 中国生态农业学报，2010，18（5）：1138-1144.

⑤ Brown G，Brabyn L. An analysis of the relationships between multiple values and physical landscapes at a regional scale using public participation GIS and landscape character classification[J]. Landscape & Urban Planning，2012，107（3）：317-331.

⑥ Brovelli M A，Minghini M，Zamboni G. Public participation in GIS via mobile applications[J]. ISPRS Journal of Photogrammetry and Remote Sensing，2016，114：306-315.

⑦ Mekonnen A D，Gorsevski P V. A web-based participatory GIS（PGIS）for offshore wind farm suitability within Lake Erie，Ohio[J]. Renewable and Sustainable Energy Reviews，2015，41：162-177.

4.2 通过交互参与方法迅速凝练过程信息

4.2.1 利用参与式方法快速认识乡村

参与式规划（Participatory Planning）通过关注公平和社会权利分布，强调规划从"为人的规划"走向"与人的规划"（Tress and Tress[1]，2003）。在具体执行过程中，参与可以定义为通过语言及其延伸方法来谈论对某一话题（如历史景观演进）的特定认识（Valenciasandoval et al.[2]，2010）。在这样的思辨和讨论下，不断发掘、解决矛盾，达成共识。在参与式规划中，简单的语言往往比技术数据更能使政策和建议的含义得到理解（Mckee[3]，2015）。参与式规划作为一种广泛的社会参与交互行为，正是通过人与人之间的对话和相互作用使不同利益相关者的需求和信息提供者的有效信息资源得以明晰。

乡村的景观历史和现状基线是什么样的？过去和现在的乡村问题信息如何给出？这些问题如果从规划者的视角看是一回事，从拥有当地知识的村民来看又是另一回事。在对乡村历史和现实问题的研判上，村民之间具有不同的价值取向、观点和兴趣范围。虽然村民们可以简单地视为一个利益相关者群体，但在社区内部，村干部、男村民、女村民、留村的村民、外出打工的村民等，他们虽然可能在乡土知识结构上相对一致，而价值、观点和兴趣的差异和规划者对其的认识不完全性总是存在着的，在

---

① Tress B，Tress G. Scenario visualisation for participatory landscape planning—a study from Denmark[J]. Landscape & Urban Planning，2003，64（3）：161-178.

② Valenciasandoval C，Flanders D N，Kozak R A. Participatory landscape planning and sustainable community development：methodological observations from a case study in rural Mexico[J]. Landscape & Urban Planning，2010，94（1）：63-70.

③ Mckee A J. Legitimising the Laird? Communicative Action and the role of private landowner and community engagement in rural sustainability[J]. Journal of Rural Studies，2015，41：23-36.

114

选择规划方案的过程中认真倾听和沟通成为规划的前提条件（王晓军[①]，2007；Johansen and Chandler[②]，2015）。

另外，规划者面对的是自己有限的时间、技能和信息，通过有效手段打破了科学知识与乡土知识之间的知识壁垒和障碍后，还需要及时归纳总结沟通成果，避免无限度信息发散。高质量参与过程要求不能一味追求"效率"，但在实际工况中，保证参与质量的前提下，效率也是一个必须关注的要素（Oakley[③]，1991）。因此，对规划者来说，利用有效的技术手段提高社区参与质量的同时，还要有策略而智慧地确保所用手段可以提高村民参与过程的效率，保证规划共识的达成，这一直是沟通式规划者面临的挑战。

4.2.2　利用可视化手段提升参与效率

景观的可视化表达是人们对景观认知、描述与交流的基础。因此，可视化表达方式对历史景观复原研究起着至关重要的作用。随着技术的进步，景观的可视化方式也从原始的草图、纸质地图，向电子化地图（如CAD图）、GIS地图及三维模型方向发展。目前PGIS通常以二维地图为主要表达方式（White[④]，2009；Wang et al.[⑤]，2010），但由于二维地图具有高度的抽象性，因而很难向不同利益相关者来表达规划参与者的意图。特别是在乡村历史景观复原过程中，参与者大部分是缺乏专业制图、辨图知

---

① 王晓军. 参与式土地利用规划理论与方法：村级案例研究[D]. 北京：中国农业大学，2007.

② Johansen P H，Chandler T L. Mechanisms of power in participatory rural planning[J]. Journal of Rural Studies，2015，40：12-20.

③ Oakley P. The concept of participation in development[J]. Landscape & Urban Planning，1991，20（1-3）：115-122.

④ White J. Pre-transfusion testing[J]. ISBT Science Series，2009，4（1）：37-44.

⑤ Wang X J. Participatory geographic information system review[J]. Chinese Journal of Eco-Agriculture，2010，18（5）：1138-1144.

识的当地村民，某种程度上限制了公众的参与度（Yu et al.[①]，2010；Yu et al.[②]，2012）。

以二维地图为表现形式限制了传统的PGIS在乡村景观研究中的应用（张晓彤等[③]，2017）。如果这种基于PGIS的方法能够实时而直观地向村民反馈可视化信息，评估者与村民的交流将更顺畅，知识沟通将更快捷（Wissen[④]，2008；张晓彤等[⑤]，2010；Punia and Kundu[⑥]，2014；Lovett[⑦]，2015）。可以说，可视化表现已成为PGIS发展的核心问题之一（Brown and Kyttä[⑧]，2014）。

基于常规PGIS平台的参与式乡村规划与项目中，由于村民意见需要规划者多次往返后才能真实表达在地图上，时间花费过长，同时由于受到技术和设备的限制，结果的可视化程度也不很高，PGIS规划平台在实际的乡村历史景观恢复及乡村规划中应用并不普遍。很多学者在开发或应用三维景观建模技术方面进行了大量的探索和研究（Appleton and

① Yu L J，Yu Z R，Pan Y. A case study of the design and application of 3D visualization system for agricultural landscape planning[J]. Intelligent Automation and Soft Computing，2010，16（6）：975-984.

② Yu L J，Sun D F，Peng Z R，et al. A hybrid system of expanding 2D GIS into 3D space[J]. Cartography and Geographic Information Science，2012，39（3）：140-153.

③ 张晓彤，段进明，宇林军，等. 基于三维电子沙盘的参与式乡村历史景观评估：以贵州省对门山村为例[J]. 中国生态农业学报，2017，25（10）：1403-1412.

④ Wissen U，Schroth O，Lange E，et al. Approaches to integrating indicators into 3D landscape visualisations and their benefits for participative planning situations[J]. Journal of Environmental Management，2008，89（3）：184-196.

⑤ 张晓彤，宇振荣，王晓军，等. 场景可视化在乡村景观评价中的应用[J]. 生态学报，2010，30（7）：1699-1705.

⑥ Punia M，Kundu A. Three dimensional modelling and rural landscape geo-visualization using geo-spatial science and technology[J]. Neo Geographia，2014，3（3）：1-19.

⑦ Lovett A，Appleton K，Warren-Kretzschmar B，et al. Using 3D visualization methods in landscape planning：An evaluation of options and practical issues[J]. Landscape & Urban Planning，2015，142：85-94.

⑧ Brown G，Kyttä M. Key issues and research priorities for public participation GIS（PPGIS）：A synthesis based on empirical research[J]. Applied Geography，2014，46：122-136.

Lovett[1]，2005；Liu et al[2]，2016；Neuenschwander et al.[3]，2014；Santosa et al.[4]，2016；Trubka et al.[5]，2015；Wu et al.[6]，2010；宇林军等[7]，2009；宇林军和潘影[8]，2011）。但传统的使用三维建模软件（如3D Max、CAD等）生成三维景观的方法费时、费力，因而通常用于最终景观规划方案的静态展示，很难以互动的方式应用于公众参与过程的交流。基于三维可视化技术的PGIS，即三维PGIS将在乡村历史景观复原、参与式景观规划等方面有广阔的应用前景。

4.3 研究方法

本案例研究基于PGIS方法和当年高清晰遥感正射影像图，运用参与

① Appleton K，Lovett A. GIS-based visualisation of development proposals：Reactions from planning and related professionals[J]. Computers，Environment and Urban Systems，2005，29（3）：321-339.

② Liu T，Zhao D P，Pan M Y. An approach to 3D model fusion in GIS systems and its application in a future ECDIS[J]. Computers & Geosciences，2016，89：12-20.

③ Neuenschwander N，Hayek U W，Grêt-Regamey A. Integrating an urban green space typology into procedural 3D visualization for collaborative planning[J]. Computers，Environment and Urban Systems，2014，48：99-110.

④ Santosa H，Ikaruga S，Kobayashi T. 3D interactive simulation system（3DISS）using multimedia application authoring platform for landscape planning support system[J]. Procedia-Social and Behavioral Sciences，2016，227：247-254.

⑤ Trubka R，Glackin S，Lade O，et al. A web-based 3D visualisation and assessment system for urban precinct scenario modelling[J]. ISPRS Journal of Photogrammetry and Remote Sensing，2015，117：175-186.

⑥ Wu H，He Z.，Gong J. 2010. A virtual globe-based 3D visualization and interactive framework for public participation in urban planning processes[J]. Computers，Environment and Urban Systems. 34：291-298.

⑦ 宇林军，孙丹峰，李红. 基于紧密型二三维结合的GIS构架与系统实现[J]. 地理与地理信息科学，2009，25（5）：17-20.

⑧ 宇林军，潘影. 服务式2D、3D结合GIS的核心问题及其解决方案[J]. 地球信息科学学报，2011，13（1）：58-64.

式农村评估技术（PRA）中的半结构访谈、农事季节、大事记、小组讨论等工具在村庄展开景观调查与评估。由于乡村历史景观复原需要当地居民高度参与，本案例研究使用的乡村历史景观复原和评估工具为自主研发的"三维电子沙盘（3D e-Sandbox）"。

易学性和操作性被视为景观三维可视化最重要的两个特征。"三维电子沙盘"基于三维GIS构建，为农村历史景观复原的参与者提供了一个易用、易理解的三维景观复原交流平台。农村历史景观的参与者，包括研究人员及当地村民可以在该平台上使用丰富的景观交互式生成工具，方便、快捷地在三维虚拟环境中创建当地历史景观要素三维模型，如道路、环境要素、边界线、建筑等（张晓彤等[1]，2018）。简单的鼠标点击绘制和拖动操作方式，甚至能够让当地村民亲自上手操作。三维可视化的表达方式能使参与人员，特别是没有任何专业知识背景的当地村民直观地描述记忆中的当地历史景观。同时，电子沙盘基于GIS的空间数据管理与空间分析能力，为农村乡村景观复原后的实时评估提供了丰富的分析工具，如二维土地利用分布图输出工具、土地利用平衡表分析工具、生态服务价值分析工具、空间句法分析工具等。

具体方法为：首先，基于打印出的现状高清晰遥感正射影像图，以小组讨论形式，与参与的当地村民一起对可回顾期内村庄发生重大事件和不同时期农事历进行回顾，并在此基础上，分析获得历史景观恢复的时间节点。其次，研究者与村民一起，在三维电子沙盘中创建每个历史节点的景观，并基于"三维电子沙盘"中实时得出的土地利用变化、生态服务价值评价及景观格局分析结果，迅速凝练过程信息，为村民和规划师提供各自需要的主、客观信息以支持后续参与工作的顺利实施，提高交互参与获取乡村历史景观信息的效率。

———————————
[1] 张晓彤，宇林军，何炬. 参与式三维电子沙盘技术在村镇规划设计中的应用[J]. 城乡建设，2018（9）：64-67.

4.4 案例研究

4.4.1 研究区概况

研究区位于贵州省黔西南布依族苗族自治州贞丰县龙场镇对门山村，介于25°27′05″～25°27′25″N，105°27′53″～105°28′19″E，下辖3个组：上寨、下寨、庞家湾（图4-1）。研究区地势总体上北低南高，是典型的低地丘陵地貌；区内海拔1294～1370m；属于亚热带季风湿润气候，气候温和，年平均气温16.6℃；年降雨量1000～1400mm，无霜期260～340d。村内居民包括布依族、苗族、汉族等民族，现阶段以烤烟种植、加工为主要经济活动，间有水稻、玉米、薏米等作物种植。研究区距离贞丰县城仅20km，距兴义市约100km。

对门山历史上被多个民族交替聚居，历史景观变化较大。尤其是近代，政治文化、经济社会的变化，都较为明显地影响着对门山村的景观形成。也可以认为，对门山村的发展演进过程被印在了景观的变化过程中。

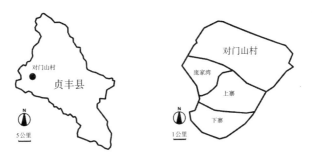

图4-1 对门山村位置示意图

（笔者绘制）

4.4.2 沟通与信息收集

本案例研究共邀请了9位当地村民参与对门山村的历史景观复原

（图4-2）。包括前任及现任村主任、干部2名，以及了解村内历史的60岁以上长者7名。参与者与研究者对村庄发生重大事件和不同时期农事历进行了回顾和记录。在此基础上，分类整理了影响当地历史景观变化的主要事件，作为当地历史景观恢复时间节点，并最终确定1958年、1980年、1995年和2015年为当地历史景观复原和评估时间节点（表4-1）。

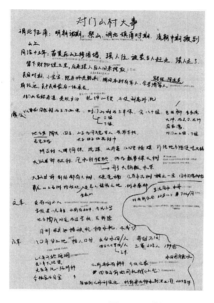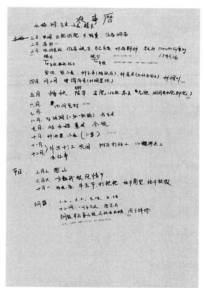

图4-2　对门山村民完成的大事记和农事历

（笔者拍摄）

对门山村复原历史景观年代节点及确认依据　　　　　　　表4-1

选择年代 Key Year	确认依据 Recognition Basis
1958	大跃进时期，为了大炼钢铁，当地大量采伐山林
1980	联产承包责任制实行第1年，村民分田到户
1995	大量引进现阶段最为主要的经济作物：烤烟
2015	外出打工者数量激增

（笔者整理）

基于2015年高分辨率遥感影像，在三维电子沙盘中使用景观要素创建工具，创建对门山村现状景观（以2015年为代表）。首先使用村界工具建立研究区范围。然后，使用道路及辅助线工具，创建道路网络及环境要素（水域、河流等），系统自动以道路及辅助线为边界实时创建地块对象。最后，使用建筑物生成工具，拖动建筑物数据库中的建筑物到地块中。

以2015年景观为基础，研究者在村民的参与和指导下，基于现场回忆和讨论，在三维电子沙盘中通过增、删、移动及修改操作，恢复其他时期的景观（图4-3）。基于三维电子沙盘的历史景观恢复有两个要点：首先，由研究人员操作，村民现场讨论指导的方式，能够极大提高效率。其次，由于景观变化的历史延续性，基于后一期景观，通过修改的方式复原前一期历史景观的方式比完全重新建立的方式更节省时间。由近至远，先后完成了对门山村1995年、1980年和1958年的景观复原。

图4-3　对门山村民通过三维电子沙盘工具复原历史景观

（笔者拍摄）

在村民复原历史景观场景过程的同时，规划师利用实时分析得到的各类数据结果，同村民回忆中的重大事件及其影响进行相互印证。尤其是在数据出现拐点或其他显著特征时，将提醒村民，进行更深一个层次的信息挖掘。

4.4.3　景观场景的变化分析

4.4.3.1　2015年对门山村景观

2015年对门山村景观如图4-4所示。通村道路由北部、西部与南部引入村子，道路由通村道路引出，在东南部顺应山势串联上下两组住宅，串户路连接各民居，道路数量较多。道路路网格局整体呈现自由式，3级道路相互连通形成串联每户的自由式密集路网。

住宅以1层、2层独栋式房屋为主，局部有3层、4层住宅，上下组住宅背山而建，房屋坐南朝北，由对门山村东南角方向的山脚向西延伸至两山中部、向北延伸至北部山脚下。庞家湾住宅沿西北一条通村道路向村内延伸至村庄西部山脚下。

村庄范围内有小学1处，位于西北部；幼儿园1处，位于村庄中部；村委会1处，位于村庄中部；卫生室1处，位于村委会旁；小商店两处，位于西北部；村民活动广场1处，位于村庄西北部河沟南部。

村内北部有两条东西向河流，西部有1条南北向河流，过水面积不大。另外，村内有3处水塘分布在村庄北部。村庄的农业用地分布在村庄北部区域、中部局部区域以及南部山脚下区域，其中有近一半的用地为旱地，一半为水田。水田主要分布在东部地区以及西部的局部地区，旱地主要分布在西北部、中部以及南部山脚下区域。林地主要分布在对门山村南部两山的山坡上以及两山之间的南部区域。

图4-4　对门山村2015年景观场景及平面图

（笔者制作并截图）

4.4.3.2　1995年对门山村景观

1995年对门山村景观如图4-5所示。通村道路由北部、西部与南部引入村子，通组道路由通村道路引出，在东南部串联上下两组，串户路连接各住宅，道路数量略少于2015年。道路路网格局与2015年相近，整体呈现自由式，3级道路相互连通形成串联每户的自由式密集路网。

住宅以1层、2层独栋式房屋为主，上下组住宅背山而建，房屋坐南朝北，主要分布在村庄东南角的山脚以及两山之间的中南部区域。庞家湾住宅沿西北一条通村道路向村内延伸至西部山脚下。

村内小商店1处，位于西北部。

村内北部有两条东西向河流，西部有1条南北向河流，过水面积不大。村庄的农业用地分布在村庄北部、中部区域以及南部山脚下区域，面积多于2015年。农业用地中有近90%的用地为水田。水田主要分布在村庄中部与北部区域，而旱地则仅分布在南部山脚下的很小区域内。林地主要分布在对门山村南部两山的山坡上以及南部两山之间的区域，面积比2015年略大，2015年村庄西南角的几处农业用地在1995年时为林地。

图4-5　对门山村1995年景观场景及平面图

（笔者制作并截图）

4.4.3.3　1980年对门山村景观

1980年对门山村景观如图4-6所示。村庄主要有通村道路与串户路两级。通村道路由北部、西部与南部引入村子，串户路主要集中在南部山脚下，用于连接各民居，由于民居数量少于1995年，1980年的道路数量略少于1995年。道路路网格局与1995年相比较简单，整体呈现自由式，两级道路相互连通形成串联每户的自由式路网。

住宅以1层房屋为主，上下组住宅背山而建，房屋坐南朝北，主要分布在村庄东南角的山脚下以及两山之间的中南部区域，但房屋数量较少。庞家湾住宅沿西北一条通村道路向村内延伸至西部山脚下。村内小商店1处，位于西北部。

村内北部有两条东西向河流，西部有1条南北向河流，过水面积不

图4-6 对门山村1980年景观场景及平面图

（笔者制作并截图）

大。村庄的农业用地分布在村庄北部、中部区域以及南部山脚下区域，与1995年比较面积略大。农业用地中有近95%的用地为水田，主要分布在村庄中部与北部区域；旱地则仅分布在南部山脚下的很小区域内。除水田面积有所增加外，水田旱地的分布与1995年相似。林地主要分布在对门山村南部两山的山坡上以及南部两山之间的区域，面积与1995年相比变化不大。

4.4.3.4 1958年对门山村景观

1958年对门山村景观如图4-7所示。村庄仍然有通村道路与串户路两级，但路面较窄。通村道路由北部、西部与南部引入村子，串户路主要集中在南部山脚下用于连接南部的各个住宅，道路数量较少。道路路网格局较简单，整体呈现环状式，两级道路相互连通形成串联每户的简单环状式路网。

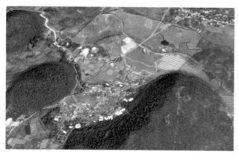

图4-7 对门山村1958年景观场景及平面图

（笔者制作并截图）

住宅以1层房屋为主，还有一些小的茅草房，房屋坐南朝北，数量较少，主要分布在村庄东南角的山脚下，另外在两山之间北部沿路还有一些小的茅草房。庞家湾只有零星几处房屋分布在村庄西部的山脚下。

村内北部有两条东西向河流，西部有1条南北向河流，过水面积不大。整个村庄除南部山脚下与山间的零星住宅、河流以及山坡的林地外，其余地方均为农业用地，面积比1980年大。其中有近95%的用地为水田，只有在南部山脚下的局部区域有旱地。林地主要分布在对门山村南部两山的山坡上以及南部两山之间的区域，1980年山脚下的许多民居在1958年时为林地，两山之间的南部区域林地曾被砍伐。

4.4.4 实时数据分析

在三维电子沙盘上复原的历史景观会自动生成具有用地属性、可供景观格局分析的二维栅格化文件。此后，使用三维电子沙盘的分析工具，采用土地利用、生态服务价值、景观格局指数对对门山村历史景观进行分析。其中，根据《土地利用现状分类》GB/T 21010—2017对研究区域不同时期的土地利用进行分类统计计算。张晓彤等[1]（2017）在谢高地等[2]（2003）、潘影等[3]（2011）的"中国陆地生态系统单位面积生态服务价值当量表"基础上，修订得到"单位面积生态系统服务价值当量（修订）表"，并依此分别计算出研究区气候调节、水源涵养、土壤形成与保护、废物处理、生物多样性保护、食物生产、原材料、文化娱乐的生态服务价值。景观格局分析选择香农多样性指数、香农均匀度指数、景观丰度、斑块密度、蔓延度、连接度、景观形状指数等共7个景观空间格局指

① 张晓彤，段进明，宇林军，等.基于三维电子沙盘的参与式乡村历史景观评估：以贵州省对门山村为例[J].中国生态农业学报，2017，25（10）：1403-1412.

② 谢高地，鲁春霞，肖玉，等.青藏高原高寒草地生态系统服务价值评估[J].山地学报，2003，21（1）：50-55.

③ 潘影，张茜，甄霖，等.北京市平原区不同圈层绿色空间格局及生态服务变化[J].生态学杂志，2011，30（4）：818-823.

数（Dramstad et al.[①]，2006；张晓彤等[②]，2010），在斑块（Patch）尺度对景观多样性、破碎化、均匀度、聚集度和形状复杂性的变化进行分析。

4.4.4.1 土地利用变化分析

对门山村土地利用类型中，林地占有量总体呈减少趋势，住宅用地量和交通运输用地量总体呈增加趋势；公共管理与服务用地在1995～2015年间增长明显；由于烤烟种植的引进，1995～2015年间水田占耕地的比例由97.76%下降到43.79%，而相应的旱地比例由0.211%上升到55.59%；其他各用地类型变化不大。不同历史时期对门山村土地利用变化见表4-2。

不同历史时期对门山村土地利用变化（公顷）   表4-2

土地利用类型 Landuse Types	2015	1995	1980	1958
水田 Paddy land	8.35	22.27	23.36	24.71
水浇地 Irrigated land	0.12	0.03	0.00	0.00
旱地 Dry land	10.60	0.48	0.24	0.29
园地 Garden land	0.05	0.07	0.07	0.00
林地 Forest land	3.96	4.25	4.39	5.22
草地 Grass land	0.18	0.18	0.18	0.09
商业服务用地 Commercial land	0.02	0.01	0.01	0.00
住宅用地 Residential land	5.71	3.75	2.99	1.07
公共管理用地 Public management land	1.34	0.02	0.01	0.02
特殊用地 Special land	0.11	0.13	0.10	0.10
交通运输用地 Transportation land	1.83	1.39	1.27	1.06
水域及水利设施用地 Water	1.40	1.09	1.05	1.11

（笔者计算并整理）

---

① Dramstad W E，Tveit M S，Fjellstad W J，et al. Relationships between visual landscape preferences and map-based indicators of landscape structure[J]. Landscape & Urban Planning，2006，78（4）：465–474.

② 张晓彤，李良涛，王晓军，等. 基于主观偏好和景观空间指标的农业景观特征偏好模型：以北京市11个农业景观特征区域为例[J]. 中国生态农业学报，2010，18（1）：180-184.

基于景观媒介的交互式乡村规划方法及其实证研究

4.4.4.2 生态服务价值分析

对门山村生态服务价值总体上呈现递减趋势（表4-3），特别是1995～2015年间，生态服务价值减少了50.54%，而1958～1995年间生态服务价值减少了9.71%。以1995～2015年为例，气候调节、娱乐文化、废物处理和水源涵养的生态服务价值下降最为明显，分别达57.83%、56.01%、52.56%和52.39%；而对原材料功能基本没有影响；由于农用地的增加，食物生产功能还增长了76.42%。

对门山村4个历史时期生态服务价值（元） 表4-3

生态功能 Eco-Functions	2015	1995	1980	1958
气体调节 Gas Regulation	131.28	209.04	271.63	237.26
气候调节 Climate Adjustment	623.46	1478.60	1547.06	1637.53
水源涵养 Water Conservation	686.35	1441.69	1501.80	1590.56
土壤形成与保护 Soil Formation and Conservation	174.42	211.07	218.48	238.50
废物处理 Waste Disposal	772.32	1628.16	1697.04	1791.81
生物多样性保护 Biodiversity Conservation	173.47	275.65	286.29	308.93
食物生产 Food Production	52.52	29.77	29.92	31.56
原材料 Raw Materials	45.87	48.23	49.85	58.59
娱乐文化 Entertainment Culture	221.16	502.80	524.93	556.51
总价值 Total Value	2880.85	5825.01	6073.00	6451.25

（笔者计算并整理）

4.4.4.3 景观格局分析

对门山村景观丰度逐年递增，表明该村用地类型呈现多样化趋势，特别是1995～2015年激增，说明这20年是该村空间景观快速变化时期：香农多样性指数、香农均匀度指数、斑块密度、景观形状指数在这一时期激增，也反映了这20年间各用地类型呈均衡化趋势离散增加；此外，各类建筑用地作为优势斑块类型呈团聚方式发展，在景观中连通度逐渐增高。对门山村4个历史时期景观格局指标具体见表4-4。

景观格局指标 Landscape Pattern Index	2015	1995	1980	1958
香农多样性指数 Shannon's diversity index	0.9394	0.5985	0.5367	0.3567
香农均匀度指数 Shannon's evenness index	0.6085	0.3533	0.2959	0.1619
景观丰度 Patch richness	11	7	7	6
斑块密度 Patch density	3720191	2953374	2754369	1725469
蔓延度 CONTAG	47.0180	35.1391	35.7721	22.4186
连接度 Connectance index	6.3322	6.4465	6.7736	11.9792
景观形状指数 Landscape shape index	12.2115	9.8771	9.3596	0

（笔者计算并整理）

1958～1980年连接度下降明显，主要原因是原来成廊道存在的林地被砍伐割裂，使得其空间结构连接度减弱。景观形状指数在1958～1980年和1995～2015年两个阶段的明显增长表明斑块边缘复杂化，从土地利用变化上看，多为农林用地被其他用地侵占后导致的边缘复杂性增加。

4.4.5 土地利用与生态服务价值、景观格局关联分析

对门山村景观变化主要发生在1958～1980年、1995～2015年两个阶段，1980～1995年相对变化平缓。

1958～1980年间，作为景观廊道的林地由于"大跃进"运动被砍伐断裂，使得景观的空间连接度下降严重。虽然总量不大，但住宅用地作为稀有斑块的发散式膨胀，使得整体景观的破碎化程度增加较大。但由于整体用地类型比例变化不大，其生态服务价值没有明显变化。

如图4-8所示，虽然1980年分田到户，但由于当地条件限制，村民的生产生活方式并没有结构性变化，使得村庄的景观没有明显变化。而1995年后开始大范围种植烟草后，对门山村水田比例快速下降，现阶段基本和旱地比例持平。这也直接导致作为生态服务价值重要贡献者的水田（湿地的一种类型）数量减少，整个范围生态服务价值下降明显。此外，由于近20年来，各类公共管理与服务设施的快速增加和均匀分布，使得景观多样性呈显著增长。

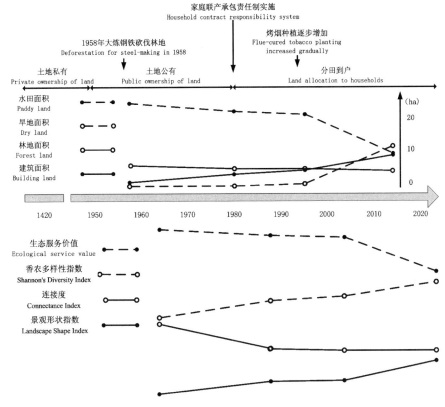

图4-8 对门山村不同时期景观发展与土地利用、景观格局间的关联

（笔者编绘）

4.4.6 规划应对

根据前述对对门山村的土地利用变化、生态服务价值、景观格局以及关联分析，可看出几十年来该村发展变化对人居环境造成的不利影响主要有以下几点：

- 林地砍伐过多，造成了两山之间的景观连接度大幅度降低，加上住宅用地的扩张，此消彼长，造成对门山村的整体景观价值降低。
- 烤烟种植的引进，造成对门山村的农业类型发生变化，水田大幅减少，部分区域灌溉系统废弃，造成村域环境的生态服务价值降低。

- 村庄建设用地大幅度增加，尤其住宅用地的发散式膨胀，造成了村域整体景观的破碎化。

基于以上分析，从用地空间规划、居住区规划、生态修复等几个层面对对门山村的村庄规划提出以下规划措施：

- 用地空间布局方面，结合河流走向、山地地形、土壤肥度等因素，对不同区域的耕地进行价值评估，根据评估级别优化水田、旱田的空间分布；将山南山坡耕种价值较低的土地恢复为林地，提高区域环境生态涵养价值；将两山之间的河沟恢复为林地，加强两山之间的景观连接度；
- 居住区规划方面，对住宅及其他公共建筑的建设用地进行集中，将上寨、下寨内部的零散耕地与外围建设用地进行置换，遏制村庄发散式膨胀的发展趋势；结合现有的道路系统与地形，将上寨与下寨之间的道路进行拓宽，形成闭环，使之成为村庄的小区级道路，并与进村主路相接；将上寨与下寨内部各组团之间较为平缓的道路拓宽，与小区级道路相接，成为组团路；其他小支路与组团路相接，通过对原道路的优化形成分级明确的村镇道路系统；沿小区级道路结合原有树木设置线状绿化带，在组团内部公共场所设置景观绿地，结合大片的山林形成点、线、面有机串联的景观格局。
- 生态修复方面，加强垃圾分类处理等生态设施建设。每个组团设置小型垃圾回收点，在小区级道路与进村干道交叉处设置垃圾收集点，定期清运；绿地植被采用本地树种，河沟护坡避免水泥硬铺，采用本地卵石散铺的生态构造，为小生物营造生存空间。

在状态分析阶段，主要交互主体来自于当地居民内部。而提供信息的村民在参与过程中经常会出现思维和信息提供过于发散的情形，使得规划者大部分的时间都用在没有效率的对话和交流上。研究证明，利用交互参与的方式，结合情景可视化和模型构建等技术，村民更容易有针对性地对景观状态进行描述，使规划师可以将发散而逻辑性不强的景观信息快速收集和分析，并迅速凝练为过程信息，实时与参与者可视化分享。这一方法使参与过程更为直观而通畅，可实时达成共识，即时固化参与交互成果，有助于提高面对面交流的效率，实现"实时化"的交互参与过程，使规划过程中的参与质量大大提高。

本章案例研究将更易于当地村民理解和运用的三维电子沙盘工具结合参与式农村评估技术，成功地从时空两个维度复原了村民记忆中的乡村历史景观，真正再现了村民对乡村历史景观的记忆，并实时可视化为三维复原景观地图，呈现在三维电子沙盘上。同时在历史景观复原的过程中，也收获了他们对景观变迁原因的判断，实现研究人员与村民的交互参与，较大程度地保证沟通行动的有效性和真实性。

研究实例表明，通过交互参与的方式对历史景观进行复原，突破了历史遥感数据的限制，能够复原更为久远的农村历史景观。其次，参与式的历史景观复原方法，通过与参与者讨论及召开会议，挖掘更深层次的景观变化历史故事、传统文化、习俗及历史事件等，为未来的村庄规划和管理提供更详细的资料。与传统的基于二维GIS的PGIS相比，三维电子沙盘景观更容易让村民理解和参与其中。

第 5 章

基于交互协作方法的乡村景观
问题辨识研究
——以浙江省宁海县强蛟镇景观特征
评估研究为例

景观特征评估（Landscape Character Assessment，LCA）是通过景观分类与选图的方法，兼具有特征描述及透明化的价值评断标准，进行不同特色景观区域及单元的价值确定与评价的方法体系（王晓军和张晓彤[1]，2016）。作为理解和评价景观变化的重要工具，其理论基础是对作为综合整体景观现象的关键景观特征评估结果的客观呈现，包括客观描述、科学分析与评价。若在景观的变化与经济、社会、环境的变化之间建立一种可以测量的变化关系，那么景观的变化就可以表征发展的可持续性，景观就成为可持续发展的整体性表征，从而奠定将可持续发展的管理转化为景观变化管理的基础（Butler et al.[2]，2016；Fairclough and Herring[3]，2016；Trop[4]，2017）。

在通过景观特征评估工具对乡村发展问题进行辨识的过程中，因为要涉及相对于研究对象本身更高层次、更广的范围，因此这一阶段的工作可能会涉及整个规划过程中最为广泛的群体，甚至包括一些非直接利益相关群体。在这一阶段，交互协作的参与者来源通常比较多样，会代表更为广泛的利益群体。在复杂、动态环境中进行预期判断，这一阶段要特别关注

① 王晓军，张晓彤.英国景观特征评估与营造[J]. 城乡建设，2016（1）：100-102.

② Butler A，Olwig K R，Dalglish C，et al. Dynamics of integrating landscape values in landscape character assessment：the hidden dominance of the objective outsider[J]. Landscape Research，2016，41（2）：239-252.

③ Fairclough G，Herring P. Lens，mirror，window：interactions between Historic Landscape Characterisation and Landscape Character Assessment[J]. Landscape Research，2016，41（2）：1-13.

④ Trop T. From knowledge to action：Bridging the gaps toward effective incorporation of Landscape Character Assessment approach in land-use planning and management in Israel[J]. Land Use Policy，2017，61：220-230.

如何协作各方使其提供的观点信息变得更为公正，从而在多样化的社会背景下变得更为包容。为了提供明晰、可共享的阶段性规划成果，促进多方交互学习，需要通过交互协作，将不同层次、不同出发点参与者可能提出的多样化信息进行凝练。而诸多案例说明，景观特征评估是一个凝练主客观信息、反映景观发展关键问题的良好工具（如Gittins[①]，2007；张晓彤等[②]，2017）。

参与到景观特征评估的利益相关者大致包括当地公众、政府部门、专家学者和非政府机构，他们有的对环境问题感兴趣，有的对其他某些景观事物感兴趣，还有些会对各类土地利用的功能梳理感兴趣。而信息获取形式一般包括各类访谈信息、研讨会或座谈会会议记录、当地历年政府工作报告、重要会议发言等。如此复杂的参与者所带来的信息来源必然会较为分散，因此需要对这些不同类型的信息进行整合、提炼和深度分析，高效地为规划者、决策者提供准确信息。

由于不同参与者间更多的是"协作促进"关系，大家从各自"背景"出发，都试图通过景观特征评估来促进当地的发展，因此他们之间并没有十分明显的矛盾和冲突。但这些辨识结果往往是通过语言文字展现出来的，虽然这些话语信息之间互相有着繁杂的逻辑关系，却难以用量化的数学模型进行模拟识别（Atik et al.[③]，2017）。如何利用定性研究方法，在庞杂的文字表述结果中快速、直观而充分地辨识可持续发展关键问题及其相互之间的关联框架，并提供可供多方利用的图示化信息，是地方制定可持续发展策略所遇到的瓶颈问题。因此，研究工作中面临的主要矛盾是如何实时提供明晰的、可共享的（阶段性）规划成果，促进多方交互式社会学习。这类规划问题是一类典型的协作式规划问题，包括如何通过数据采集

---

① Gittins J W. Local landscape character assessment：An evaluation of community-led schemes in cheshire[J]. Landscape Research，2007，32（4）：423-442.

② 张晓彤，王晓军，李良涛，等. 基于参与式评估技术的景观特征评估——以北京市延庆县千家店镇为例[J]. 现代城市研究，2017（8）：15-24.

③ Atik M，Işıklı R C，Ortaçeşme V，et al. Exploring a combination of objective and subjective assessment in landscape classification：Side case from Turkey[J]. Applied Geography，2017，83：130-140.

的信息标准化分析，以及可视化分享工具促进这一过程。

本案例研究使用扎根理论融入协作式规划的方法，以提升景观特征评估中对于多元、多源信息的凝练、表达过程。扎根理论（Grounded Theory）是由哥伦比亚大学的Anselm Strauss和Barney Glaser两位学者共同发展出来的一种研究方法，被视为是定性研究方法中比较科学有效的一种方法（Jeong et al.[1]，2014），其特点在于通过对资料的归纳和提炼，总结出概念和范畴，反映研究对象的核心概念（陈向明[2]，1999）。因此，扎根理论在众多领域中多应用于内涵和外延尚不明确的质性研究（全守杰和马志强[3]，2017）。

本章以浙江省宁海县强蛟镇作为研究案例，在交互协作的理论框架下，将扎根理论可视化工具融入景观特征评估体系中，将不同层次、不同出发点的参与者可能提出的多样化信息进行凝练。案例研究通过对利益相关者访谈、座谈会记录和历年政府工作报告等形式获取的有效信息进行分析，以景观特征评估可视化方式辨识该镇发展中遇到的关键问题及其逻辑关系。此外，本案例在凝练问题的过程中，特别针对强蛟镇处于浙江省宁海县国家可持续发展实验区的特点，以联合国可持续发展目标（Sustainable Development Goals，SDGs）为方针，进行关键问题类别划分，旨在提供一种有效的地方可持续发展问题辨识工具，有针对性地提升地方可持续发展能力，促进地方落实SDGs。

① Jeong，Heisawn，HmeloSilver，et al. An examination of CSCL methodological practices and the influence of theoretical frameworks 2005–2009[J]. International Journal of Computer-Supported Collaborative Learning，2014，9（3）：305-334.

② 陈向明. 扎根理论的思路和方法[J]. 教育研究与实验，1999（4）：58-63.

③ 全守杰，马志强. 扎根理论视角下协同创新中心组织智力特征研究[J]. 科技进步与对策，2017，34（1）：20-24.

5.1　通过景观特征评估进行可持续发展管理

5.1.1　景观特征评估支持可持续发展

由于采用景观特征评估技术可以提供定性和定量土地开发与管理的基础，因此景观特征评估技术已被英国等欧洲国家作为开展可持续土地开发与管理的核心技术，以实现土地的动态管理（王晓军和张晓彤[1]，2016）。

景观特征评估是以利益相关者为导向来设计，用于描述景观特征的一种技术。它可以应用在国家、区域和地方等不同的尺度上，也可以将景观特征分析与环境、生物多样性等评价相结合，与历史特征以及社会—经济功能分析相结合。景观特征评估主要关注和记录景观特征，而非赋予其质量或价值。景观特征无关好坏，而是指景观中明显可辨且恒存的元素，能使景观呈现出异于其他地区的特有性质。当然，这个可视特征背后是富含着相对应的生态、经济等隐形信息的。"自然英格兰（Nature England）"以"乡村特征计划（Countryside Character Initiative）"的架构，以景观特征评估进行全英格兰地区的景观调查。除辨别、描述、分析景观的特征外，也从中判别与可持续发展相关的保育或强化措施（Butler et al.[2]，2016；Swanwick[3]，2002）。

近年来，景观特征评估已成为地方可持续发展与管理的核心技术

---

[1] 王晓军，张晓彤. 英国景观特征评估与营造[J]. 城乡建设，2016（1）：100-102.

[2] Butler A，Olwig K R，Dalglish C，et al. Dynamics of integrating landscape values in landscape character assessment：the hidden dominance of the objective outsider[J]. Landscape Research，2016，41（2）：239-252.

[3] Swanwick C. On the Meaning of Natural Beauty in Landscape Legislation[J]. Landscape Research，2010，35（1）：3-26.

（Zhang et al.[①]，2015；鲍梓婷等[②]，2017）。它同时通过提供定量和定性证据，为决策者和利益相关者提供一个对特定区域进行动态管理的重要的工具（Tveit et al.[③]，2006）。景观特征评估提供了系统了解景观和地方发展变化的方法和工具，多样的指标提供了分析、评价和监测景观特征变化的科学途径和方法。而一旦对景观做出了分析与评价，确定了景观的特征及其社会经济价值，另一个问题便是与其他领域（社会、经济学科等）的知识，以及技术人员和政治家诉求的对比与整合：即从知识向行动的转化，确定景观发展目标，以及实现目标所需要的规划行动。需要强调的是，它不是限制景观的变化，而是辅助政策决策，帮助我们尽可能多地理解今天的景观现状、形成以及未来改变方向的工具和途径（Jensen[④]，2005）。

5.1.2 景观特征评估中的参与

景观特征评估工具中，对于特征的描述是以客观为主的，而在改进决策的过程中，会涉及一些主观的因素。这些主观因素一般是通过预先认可的标准来加以澄清的。这些标准要在利益相关各方共同参与下预设，而如何由利益相关方参与预设标准是一个难点（Gittins[⑤]，2007）。原因在于，这一由多利益相关方共同参与的评价过程，不同于一般的主观判断，由专业人士实施的判断简单地认为一个景观在某些方面比另一个要好。

---

① Zhang Q，Liu W P，Yu Z R. Landscape character assessment framework in rural area：A case study in Qiaokou，Chang-sha，China[J]. Chinese Journal of Applied Ecology，2015，26（5）：1537-1541.
② 鲍梓婷，周剑云，肖毅强. 景观作为可持续城市设计的媒介和途径[J]. 中国园林，2017，33（2）：17-21.
③ Tveit M.S.，Ode A.，Fry G. Key concepts in a framework for analysing visual landscape character[J]. Landscape research，2006，31（3）：229-255.
④ Jensen L.H. Chapter 12：Changing conceptualization of landscape in English landscape assessment methods. In：Tress B.，Tress D.G.，Fry G. et al.（eds）. Landscape Research to Landscape Planning. Springer：Aspects of Integration，Education and Application，2005.
⑤ Gittins J W. Local landscape character assessment：An evaluation of community-led schemes in cheshire[J]. Landscape Research，2007，32（4）：423-442.

目前国内外的实践者仍在景观特征评估过程中开展关于利益相关者参与的最佳途径的探索（Grittani et al.[①]，2014），不同景观特征评估案例中的公众参与见表5-1。在多方协作判断过程中，每一个参与评估的人，或者使用评估结果的人，都清楚地知道哪些要素是相对客观的，不大可能会引起异议，也清楚哪些要素在不同的利益相关者中间是因人而异的，每一个参与者对特征描述过程都有所影响，即对特征提出自己的判断。更大的难点是，来自不同身份的利益相关方对景观问题辨识的关联度不高，本章将提出适宜的途径来重点讨论这一内容。

不同景观特征评估案例中的公众参与　　　　　　　　　表5-1

案例 Cases	公众参与 Participatory
英格兰乡村特征行动	-没显示公众咨询的重要性，公众咨询仅限于通过利益相关者回顾和其他次要研究，以隐式的方式进行
威尔士LANDMAP信息系统	+正式的公众咨询 -公众咨询仅对景观特征区域（而非外貌区域）
美国克里夫兰生物地域计划	+通过因特网和公共论坛传播信息
新西兰奥克兰北岸市研究	+公开讨论研究的范围、目标和评估标准
新西兰奥克兰怀塔克雷市研究	+公开讨论研究的范围、目标、评估标准和研究结果
印度尼西亚Ujung Kulon国家公园	-没有显示公众咨询的证据

（摘自香港规划署[②]，2003）

在景观评价演进的前期，景观评价主要被看作是一个由专业人士实施的研究和用于专业人士的专业过程。但是，多年实践后，人们已经意识到还需要让对景观具有特殊兴趣的人群都参与进来，即多方协作过程。这一方法特别强调社区规划、文化战略和最优价值绩效指标计划。

景观评价中的协作是反省式的、以行动为导向的、寻求能力建设的过

---

① Grittani R，Bonifazi A，Tassinari A. Everyday People Evaluating Everyday Landscapes：A Participatory Application of Landscape Character Assessment to Peri-urban Countryside[M]// Landscape Planning and Rural Development. 2014.

② 香港规划署. 香港具景观价值地点研究 [EB/OL].（2004-08-08）[2009-04-04] www.pland. gov.hk\p_study\prog_s\landscape\c_index.htm.

程。它通过提供相关各方和受益人反思项目进展和障碍的机会，从他人知识、经验中学习，产生新的认识，进而修正或改进过去的行动以及给相关各方和受益人提供一些途径来改变其不利的境况。这正是景观特征评估中所亟需的。

5.2 通过交互协作方法辨析和归纳多方观点

5.2.1 利用协作方式辨识关键问题

协作式规划（Collaborative Planning）主要是针对发生在复杂、动态环境中的预期判断，其特别关注在过程中探讨如何将多方观点变得更为公证，如何在多样化的社会背景下变得更为包容，将规划过程转变为一种积极的社会过程（董金柱[①]，2004）。在实际操作层面上，协作型规划将协作主体理解为由众多利益相关的个体所构成的社会共同体，而协商过程便是一个博弈的过程。

协作式规划涉及的利益相关者来源通常比较多样，代表着更为广泛的利益群体（Chung and Leung[②]，2005），但参与者间更多的是"协作促进"关系，"矛盾冲突"较少（Ren et al.[③]，2006；Lees et al.[④]，2008；王婷和余丹丹[⑤]，2012）。与其他规划范式关注于解决矛盾不同，协作式规划更加关

① 董金柱. 国外协作式规划的理论研究与规划实践[J]. 国际城市规划，2004，19（2）：48-52.

② Chung W W C，Leung S W F. Collaborative planning，forecasting and replenishment：a case study in copper clad laminate industry[J]. Production Planning & Control，2005，16（6）：563-574.

③ Ren Z，Anumba C J，Hassan T M，et al. Collaborative project planning：a case study of seismic risk analysis using an e-engineering hub[J]. Computers in Industry，2006，57（3）：218-230.

④ Lees E，Salvesen D，Shay E. Collaborative school planning and active schools：a case study of Lee County，Florida[J]. Journal of Health Politics Policy & Law，2008，33（3）：595.

⑤ 王婷，余丹丹. 边缘社区更新的协作式规划路径——中国"城中村"改造与法国"ZUS"复兴比较研究[J]. 规划师，2012，28（2）：81-85.

注如何将不同层次、不同出发点参与者可能提出的多样性信息进行凝练（秦波和朱巍[1]，2017），以达到提供明晰的、可共享的（阶段性）规划成果，促进多方交互学习（Vacik et al.[2]，2014）。

5.2.2 以图形化手段凝练多方信息

由于协作多方利益的多样化，如何辨析和归纳各方观点，进而梳理出众多观点之间的逻辑关系成为协作式规划的关键。乡村规划中常用的协作方式方法有小组座谈和讨论、自由列举和排序、可视技术、分析技术和角色扮演等。现阶段，概念图技术、丰富图技术、参与式地理信息系统等都可实现以公众都能理解的方式表达多方利益相关者的观点，从而准确理解和识别不同利益相关者的观点，辅助辨析和归纳多方观点。

如"概念图"技术将多个人的观点，以图的形式联系起来，并用标签描述，从图中分析确定关键概念（Howick and Eden[3]，2011）。在概念图中，可以基于其他约束或步骤来创建不同类型的映射；"思维导图"的过程与概念导图类似，但核心思想将定位在导图的中心，所有其他思想都以放射状分支；而"丰富图"技术可作为一个表述各参与者对问题的想法的有效工具，能有效地打破语言、教育和文化障碍。Bell et al.[4]（2016）论证了丰富图的实用性、通用性和弹性，认为丰富图方法促进了问题的解决，从长远来看，可以节省在错误表述或特定任务上的时间和资源，可以作为一种强大的工具应用于各种决策领域。

① 秦波，朱巍. 协作式规划的实施路径探讨——以某市产业园规划修编为例[J]. 城市规划，2017，41（10）：109-113.

② Vacik H，Kurttila M，Hujala T，et al. Evaluating collaborative planning methods supporting programme-based planning in natural resource management[J]. Journal of Environmental Management，2014，144：304-315.

③ Howick S M，Eden C. Supporting strategic conversations：the significance of the model building process[J]. Journal of the Operational Research Society，2011，62（5）：868-878.

④ Bell S，Berg T，Morse S. Rich Pictures：Sustainable Development and Stakeholders – The Benefits of Content Analysis[J]. Sustainable Development，2016，24（2）：136-148.

5.3 研究方法

本案例研究借鉴扎根的理论方法，经过系统化资料收集，通过建立一套系统化定性分析程序，整理和发掘获取的信息，在LCA框架下，进行多方交互协作，辨识地方可持续发展问题，为地方归纳和构建自身可持续发展目标提供依据，其信息归纳流程如图5-1所示。

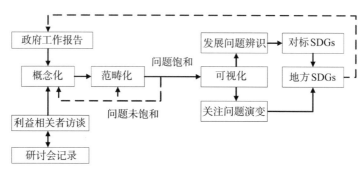

图5-1　基于扎根理论的信息归纳流程示意
（笔者编绘）

第一步，收集信息，为景观特征评估提供依据。它涉及绘制不同景观因子的叠加图层，包括研究区域的土地利用图、地形图、航片、林网图、水文图、居民点图、土壤图、地质图等，所收集的相关主观判断信息主要包括地方上利益相关者采访记录、多种方式研讨会记录、国内外不同领域专业人士意见、当地政府历年政府工作报告等。

第二步，进行景观特征分区。在镇域尺度上，导致景观特征差异化的主导因素是自然地理和文化形态，这二者可以在地形图和经修正的土地利用图上得到表现。首先根据当地知情人提供的信息对全镇进行景观资源图的绘制和大致分区，寻找他们分区的依据。并在讨论分区的结果之上，利用GIS数据库进行处理。

第三步，进行关键信息的归纳凝练。利用自主研发的"三维电子沙盘"中"思维辨识"工具进行数据录入和可视化，如图5-2所示；通过语

基于景观媒介的交互式乡村规划方法及其实证研究

义自动识别技术和信息提取手段，自动模拟"深度访谈"，从独立语义段落中获取有效概念；在可视化界面中以交互式的方式对集成概念所形成的范畴进行循环凝练和修订；最后，结合数据可视化技术表达不同范畴或目标间逻辑关系的强弱，展示不同利益相关者对于地方可持续发展目标及其历史发展关注点的逻辑变迁。对收集到的相关资料以包含一个独立逻辑关系的段落为单元，录入到系统中进行归纳分析。

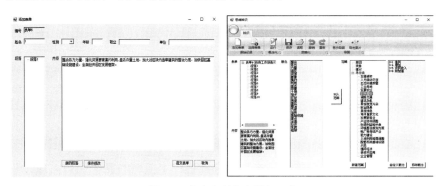

图5-2　多方主观信息录入示意

（笔者制作并截图）

本案例研究在"三维电子沙盘"中通过集成开源软件盘古分词软件（PanGu Segment）实现问题辨识功能，将被录入的段落资料通过语义自动识别生成概念化的单词或短语，获得地方可持续发展关键问题方面的关键词信息。也就是将大量的资料记录加以逐级缩编，用概念来正确反映资料内容，并把资料记录以及抽象出来的概念罗列的过程。资料记录开放性译码分析结果见表5-2。

资料记录开放性译码分析结果示意　　　　表5-2

资料记录 Data Recording	开放性译码 Open Decoding		
	概念化 Conceptualization	范畴化 Categorization	对标SDGs Contrast SDGs
语义1：用地破碎度高，视觉污染强	A1视觉污染 B1用地破碎	A视觉污染 B不合理土地利用	目标11、15
语义2：生境破碎，由于人为干扰造成自然生态系统被分割	B2生境破碎 C1人为干扰 B3自然生态系统分割	C对环境的主动侵扰 D产业配置矛盾 ……	目标11、12、15 ……

资料记录 Data Recording	开放性译码 Open Decoding		
	概念化 Conceptualization	范畴化 Categorization	对标SDGs Contrast SDGs
语义3：部分工业企业乱占地，造成生态系统割裂	C2企业乱占地 C3生态系统割裂	（共计24个范畴）	
语义4：目前存在已有产业结构与未来发展目标的矛盾，兼顾各方利益的产业配置调整、实施环境综合整治的方案制定和实施难度大	D1产业结构与目标存在矛盾 E1需要实施环境综合整治……		
（计1055段语义）	（计655个概念）		

（笔者整理）

通过对"概念"的分类和凝练，开放性地挖掘范畴并为其命名，逐一将全部概念纳入到每个范畴中来，并选择每一个范畴与联合国可持续发展目标（SDGs）的17个目标中相对应的目标所关注的工作。通过范畴化译码程序，不仅能从组织松散的概念中提炼出一个描述性的理论性架构，更是利用这一译码程序的严谨过程，帮助我们建立接近实际、内容充分、统合完整和解释力强的关键问题与发展目标逻辑。具体如图5-3所示。

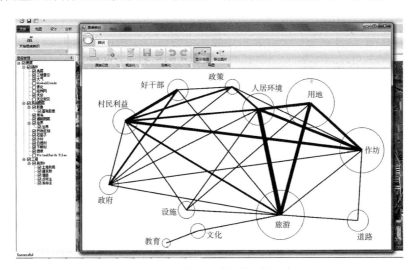

图5-3 对关键问题辨识关系的示意

（笔者编辑并截图）

选择不同利益相关者或资料类型的表单，进行数据累加。通过分属于每个范畴的每个概念在同一语义段落中出现的频率自动生成关键问题关系图（图5-4）。每个范畴的大小表示该范畴在所选资料中出现的频率，越大表示出现频率越高；范畴之间的连线粗细表示两个范畴在同一语义段落中同时出现的频率，越粗表示出现频率越高、两个范畴的关联度越高。

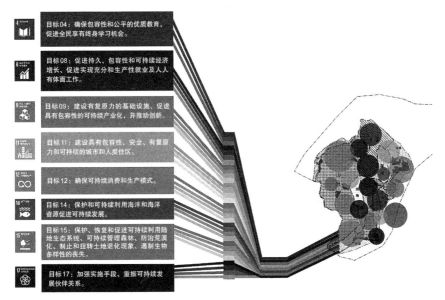

图5-4　景观特征分区框架下主观信息空间化示意

（笔者绘制）

最后一步，将所辨识的关键问题，在景观特征分区框架下进行多源主观信息空间化，并提出对应的规划应对措施。

5.4 案例研究

5.4.1 研究区概况

强蛟镇隶属于宁海县国家可持续发展实验区，地处浙江省宁波市宁海县东北部，象山港尾，距宁波约58公里（图5-5）。东濒黄墩港，北连象山港，与象山、奉化隔海相望，呈三角半岛形。面积58.28km²，包括海域34.58平方公里，陆域面积23.7km²，有4座海山、12个岛屿、5只礁，下辖9个行政村。强蛟镇是当地历史的工业强镇，2016年末，强蛟镇总人口1.7万人，全镇实现生产总值55.38亿元，完成财政一般预算收入1.31亿元，农民人均可支配收入达到1.88万元，全社会固定资产投资达到10.5亿元。

强蛟镇建有电厂、水泥厂、建材厂等资源型工业企业，曾经对解决就业和创造税收发挥了重要作用。随着"两山理论"在当地的实践和象山港空间规划等上位规划的要求，强蛟镇天然具有的丰富海洋资源和旅游资源将成为其未来发展的主要出发点。

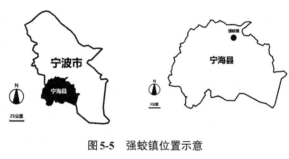

图5-5　强蛟镇位置示意

（笔者绘制）

5.4.2 景观特征分区

通过对当地知情人手绘的景观资源图及其描述的分析，发现其划分依据主要来自于地形和行政区划。很显然，由当地知情人绘制的资源图要远远比由各图层叠加而得到的分类图要来得复杂、详细、准确得多。在充分尊重当地知情人对全镇景观资源分布及区划的判断的基础上，通过GIS系统对由当地知情人手绘所得到的景观特征单元进行了边界细化，细化标准为：

- 边界如果与村界接近，则利用村界进行划分；
- 边界如与村界相离较远，且处于沟谷-山地交接处，则依据退耕还林下限坡度15°进行划分；

- 如果不符合前两点，则按照当地知情人的意见，以土地利用差异判断（实际工作中未遇到）。

据以上原则将强蛟镇划分为A山体景观特征区、B田野景观特征区、C滨海景观特征区，3个一级景观特征区域、8个二级景观特征区域、22个景观特征单元，如表5-3、图5-6、图5-7所示，其中：

强蛟镇景观特征分区与单元   表5-3

景观特征区域		景观特征单元	景观特征分类
A山	A1西部山区	a1思故坪鸟瞰	全景
		a2林氏宗祠	主题
	A2山岗	a3长山岗竹林	封闭
B田	B1农田	b1下浦村农业种植区	封闭
	B2湿地	b2白沙塘渔业养殖区	封闭
		b3团结塘湿地公园	封闭
	B3建设用地	b4峡山村(古村、尤氏宗祠)	主题
		b5循环经济产业园区	焦点
C海	C1海岸	c1加爵科村海岸沿线	全景
		c2薛岙港口及海岸沿线	主题/全景/焦点
		c3峡山港口	主题/全景/焦点
	C2滩涂	c4峡山村滩涂	全景/焦点
		c5下渔村滩涂	全景/焦点
D其他行政村入口及公共空间		d1薛岙村入口	主题/焦点
		d2薛岙村公共活动空间	全景/焦点
		d3骆家坑村公共活动空间	全景/焦点
		d4王石岙村入口	主题/焦点
		d5峡山村公共活动空间	全景/焦点
		d6上浦村入口	主题/焦点
		d7下浦村入口	主题/焦点
		d8下浦村公共活动空间	全景/焦点
		d9胜龙村入口兼公共活动空间	全景/焦点

（笔者整理）

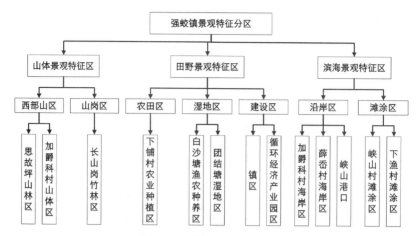

图5-6 强蛟镇景观特征分区

（笔者编绘）

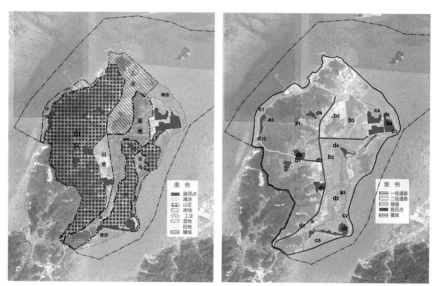

景观特征分区　　　　　　　　景观特征单元

图5-7 强蛟镇景观特征分区与单元分布

（笔者绘制）

　　"山体景观特征区"，主要为强蛟镇西部山区和东部长山岗。西部山区植被生长良好，植被覆盖率高，但也有因采石、取土、建设石洞等原因造成的景观面破损，西部山区还拥有俯瞰全镇的观景点思故坪。东部长山岗海岸沿线山体植被以竹林为主，也有少部分杂木林和果林，由于骆家坑村位于长山岗上，也有农田分布。

"田野景观特征区"，主要分为农田、湿地和建设用地。农田主要分布于西部山脚下下浦村，大部分区域现状为正在耕作的水田和蔬菜种植大棚，农业景观基底较好。湿地主要分布于团结塘和白沙塘区域，团结塘原有水田整齐分布，白沙塘区域水田农田整齐分布。虽然目前部分已经荒废，芦苇杂草丛生，但拥有湿地景观基底。建设用地主要分布在镇区和峡山古村，以及循环经济产业园区。目前镇区整体风貌不统一，基础设施有待提高。峡山古村原村庄肌理保存完整，有待进一步修复。目前强蛟镇企业分布零散，循环经济产业园区需重新规划，集约用地，满足企业搬迁需求。

"滨海景观特征区"，主要分为海岸和滩涂。海岸包括加爵科村海岸沿线、薛岙港口及海岸沿线、峡山港口。加爵科村海岸沿线具备良好的山海自然环境条件，是良好的夕阳观赏点。薛岙港口及海岸沿线是现代海上户外运动的绝佳场所，还需对帆船基地进行继续建设和不断完善已有海上项目。峡山港口的地理位置、已有的基础设施建设和传统文化活动的开展，将使它成为强蛟镇综合的旅游服务中心区。滩涂包括峡山村滩涂和下渔村滩涂。峡山村滩涂除传统的渔业养殖外，也是渔业体验的良好区域。下渔村滩涂以传统的渔业养殖为主。

根据景观特征区域—景观特征单元分类与分布，对不同景观特征区域内的景观按照全景景观、主题景观、焦点景观、封闭景观进行分类，为进行重点建设项目和景观节点的选择、规划设计和建设提供依据。

5.4.3 多方观点收集与归纳

本案例研究获取的资料主要包括三部分：一是2017年2～4月期间，研究团队实地访谈地方管理者及协助其进行"宁海县强蛟镇小城镇环境综合整治行动样板示范案例研究"的专家团队，整理了包括参与观察在内的资料记录，共27份；二是2017年11月研究团队实地访谈了参加"落实2030年可持续发展议程：再造魅力故乡·2017宁波论坛浙江省宁海县国家可持续发展实验区强蛟镇'地方可持续发展关键问题辨识'能力建设活动"的国内外专家，整理了包括参与观察在内的资料记录，共8份；三是政府1997～2016年间的政府工作报告，共21份。以上所得到的文字资料均以包含一个独立逻辑关系的段落为单元，共涉及1055个语义。通过范畴化开放性译码分析，案例研究将收集到的1055个语义提炼为655个概念。随后经范畴化处理后凝练为24个范畴。通过对信息一部分一部分的构建，理论得以累积，那些与数据或现象不相符的理论解释被一步步抛弃，最后辨识出当地可持续发展问题并与联合国SDGs进行对标。图5-8为研究中通过能力建设活动收集各方观点示意图。

图5-8　通过能力建设活动收集各方观点

（笔者拍摄）

5.4.4 关键问题辨识

5.4.4.1 关键问题的历史演变分析

对强蛟镇可持续发展关键问题的历史演变分析，是依据收集到的强蛟镇近年的《政府工作报告》开展的。将1997年至2017年这21年的信息分为1997～2003年、2004～2010年以及2011～2017年共三个历史时期，分别进行分析。在图5-9中的10个圆圈表示这些范畴，圆圈从大到小表达的是发展问题的关键程度在减小；圆圈之间的连线表示获得的发展关键问题之间的联系程度，从粗到细表达的是问题之间关联程度在减弱。

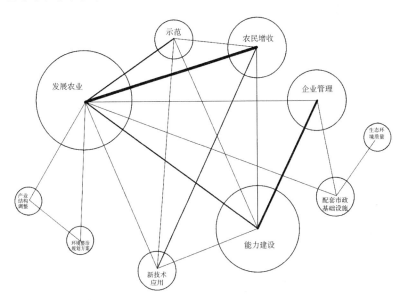

图5-9　强蛟镇1997～2003年发展关键问题逻辑

（笔者编绘）

图5-9表明，在1997～2003年期间，强蛟镇的发展关键问题归纳为10个范畴。当时强蛟镇发展中最关键的问题是发展农业，其次为能力建设和农民增收等，关键程度依次减小，其他大部分范畴都直接与"发展农业"直接关联。从关联程度看，当时重点关注的是"发展农业"与"农民增收"之间的发展逻辑。为解决农民增收问题，作为以人才引进和技术培训为主的"能力建设"，以示范园区建设为主的"示范"等主动措施均是直接针对"农业发展""农民增收""新技术应用"的，以达到农民增收。当今已作为关键发展问题的生态环境质量，在当时还不是政府关注的主要问题，对于环境质量的需求更多的是作为发展农业所需生产性基础设施所连带提出的。

图5-10表明，在2004～2010年这一时期政府认为发展关键问题已不是"发展农业"和"农民增收"的问题，甚至已经未被列入关注的范畴。发展关键问题已经转向新的领域，最重要的范畴包括"土地利用格局调

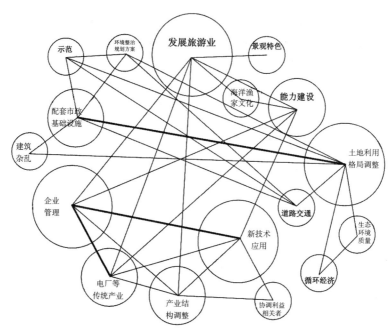

图5-10　强蛟镇2004～2010年发展关键问题逻辑

（笔者编绘）

整"发展旅游业""新技术应用"和"企业管理"等17个范畴。从范畴之间的关联性来看，最重要的关联是"土地利用格局调整"与"配套市政基础设施"之间的逻辑关系，以配合新的发展目标的需求。值得注意的是，这一时期辨识的发展问题重点集中在经济发展与技术提升方面，对"生态环境质量""景观特色"以及"海洋渔家文化"等可持续发展的其他方面则并未关注。

图5-11表明，在2011～2017年的近七年间，强蛟镇的发展关键问题可归纳为19个范畴。当前，强蛟镇政府认为地方发展中最关键的问题是"景观特色"，其次为"环境整治规划方案"和"配套市政基础设施"，再次为"发展旅游业"和"海洋渔家文化""生态环境质量""景观视觉方案"和"道路交通"等也受到较多关注。

从范畴间的关联程度看，关联程度最高的是作为最关键问题的"景观特色"与"环境整治规划方案""发展旅游业"和"海洋渔家文化"等三项范畴间的逻辑关系，其次为与"配套市政基础设施"和"道路交通"的关

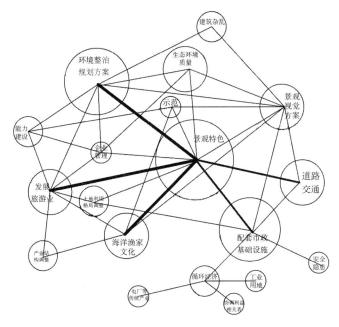

图5-11　强蛟镇2011～2017年发展关键问题逻辑

（笔者编绘）

系，其他还包括与"景观视觉方案""土地利用格局调整""示范""企业管理""生态环境质量"等多项范畴的关系，表现出当地政府对改善生态环境、提高景观质量等方面的强烈愿望。

"循环经济"虽然已成为当地重要的经济来源，但在当前已不是当地政府关注的关键发展问题，其关联的范畴也只与"电厂等传统产业""工业用地"和"配套市政基础设施"等有逻辑关系。值得注意的是，"协调利益相关者"的范畴还未纳入发展关键问题的重要地位，只从属于"电厂等传统产业"和"工业用地"等经济发展方面。

从三个时期当地政府的关注点变化，可以比较清晰地表现出强蛟镇从增收到增效，再到转型的发展阶段。

5.4.4.2 对可持续发展目标辨识与对标SDGs

为了辨识今后至2030年可持续发展关键问题，语义的资料主要来自2017年的《政府工作报告》以及37份专家访谈结果，获得21个相关范畴。

这21个范畴与SDGs对标结果表明（图5-12），有以下8个SDGs与这21个可持续发展关键问题相对应。这8个SDGs分别是：

- 目标04：确保包容性和公平的优质教育，促进全民享有终身学习机会；
- 目标08：促进持久、包容性和可持续经济增长、促进实现充分和生产性就业及人人有体面工作；
- 目标09：建设有复原力的基础设施、促进具有包容性的可持续产业化，并推动创新；
- 目标11：建设具有包容性、安全、有复原力和可持续的城市和人类居住区；
- 目标12：确保可持续消费和生产模式；
- 目标14：保护和可持续利用海洋和海洋资源促进可持续发展；
- 目标15：保护、恢复和促进可持续利用陆地生态系统、可持续管理森林、防治荒漠化、制止和扭转土地退化现象、遏制生物多样性的丧失；
- 目标17：加强实施手段、重振可持续发展伙伴关系。

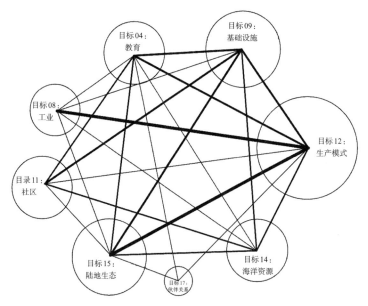

图5-12　强蛟镇当前需要落实SDGs目标的逻辑

（笔者编绘）

基于景观媒介的交互式乡村规划方法及其实证研究

分析结果表明，目标12与其他目标的逻辑关系最强，与目标4、8、9、15之间有很强的关联。这也预期在未来一段时间内，结合能力建设培训、促进新型就业、发展循环经济和保育景观生态资源的可持续消费和生产模式变化将是强蛟镇实现可持续发展的关键所在。

5.4.5 信息空间化

上述工作将扎根理论融入景观特征评估体系中，将不同层次、不同出发点参与者可能提出的多样化信息进行凝练，并通过多重可视化工具在景观特征分区图中进行信息空间化（图5-13），为决策者和协作各方提供更加直观可视的参考依据。

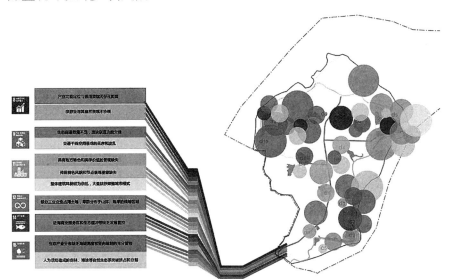

图5-13 各方对强蛟镇发展问题辨识的空间化示意

（笔者绘制）

5.4.6 规划应对

根据在多方协作交互框架下获取的强蛟镇发展问题空间化结果，对影响强蛟镇发展的关键问题进行辨识，识别强蛟镇空间景观的生长轨迹，提出强蛟镇景观管理和可持续发展框架要点，梳理形成适用、科学的综合概念规划，并提供具备可操作的近期建设方案指引，为相似地区开展该项工作提供范例。具体如图5-14～图5-15，表5-4～表5-6所示。

项目1：加爵科村海岸沿线资源保护
项目2：发电厂工业景观营造
项目3：湿地资源培育
项目4：峡山村历史街区保护
项目5：农田景观展示
项目6：农田景观与湿地景观展示
项目7：思故坪
项目8：峡山港口
项目9：帆船基地
项目10：骆家坑村
项目11：薛上岙村

图5-14 强蛟镇重点项目位置图

（笔者整理并编绘）

节点1：强蛟镇西部加爵科村，紧邻海岸线
节点2：强蛟镇中部下洋村
节点3：强蛟镇中部下洋村南侧，紧邻公路陈桥线
节点4：长畈岭水库北侧山体，紧邻临港公路
节点5：骆家坑村东侧，紧邻强蛟镇东海岸线
节点6：上浦村与下洋村中间区域，跨越临港公路与白沙塘
节点7：王石岙村西南侧，紧靠白沙塘
节点8：上浦村与下洋村中间区域南侧，紧靠临港公路
节点9：上浦村与下洋村中间区域北侧，紧靠临港公路
节点10：王石岙村南侧，紧靠临港公路
节点11：王石岙村北侧主干道以南
节点12：王石岙村北侧主干道以北

图5-15 强蛟镇重要景观节点分布示意

（笔者整理并编绘）

强蛟镇基于景观特征的重点项目和节点建设指引　　　　　表 5-4

景观特征区域 Landscape Characteristics Zones		景观特征单元 Landscape Characteristics Units	关键问题 Key Problems	重点项目 Key Projects	重要节点 Key Projects
A 山体景观特征区	A1 西部山区	a1 思故坪山林区	仍在进行的开山采石也对山体斑块造成了不可逆的破坏和损伤	项目 1	
		a2 加爵科村山体区	人为活动造成的森林、滩涂等自然生态系统被挤占和分割		节点 1
	A2 山岗区	a3 长山岗竹林区	部分工业企业占用土地，零散分布于山体、海岸沿线等区域，从而造成生态系统的割裂		节点 7
B 田野景观特征区	B1 农田区	b1 下浦村农业种植区	原有水田整齐分布，其中，部分已经荒废，芦苇杂草丛生	项目 5 项目 6	节点 2 节点 8 节点 9
	B2 湿地区	b2 白沙塘渔农种养区	区域内道路防护廊道和河流保护廊道数量明显不足	项目 3 项目 6	节点 6
		b3 团结塘湿地区	存在着斑块联通功能欠佳、主要生态斑块之间相对独立等问题	项目 3	节点 10
	B3 建设区	b4 镇区	地方特色突出，但大多年久失修，存在安全隐患	项目 4	
		b5 循环经济产业园区		项目 2	节点 12
C 滨海景观特征区	C1 沿岸区	c1 加爵科村海岸区	因开采权限未到等原因，山体露天采矿现象屡见不鲜，不仅严重影响视域景观，更对生态系统产生致命破坏；人为活动造成的森林、滩涂等自然生态系统被挤占和分割的问题	项目 1	节点 1
		c2 薛岙港口及海岸区		项目 10	
		c3 峡山港口		项目 4	
	C2 滩涂区	c4 峡山村滩涂区	沿路建筑风格迥异，部分年久失修，破败不堪	项目 4	节点 5
		c5 下渔村滩涂区	地方特色缺失，对海岸沿线景观破坏严重；海岸沿线水体污染严重		节点 11

（笔者整理）

项目1：加爵科村海岸沿线资源保护			
问题辨识	 			
	• 加爵科村位于强蛟镇西部，呈带状分布于海岸线上，同时东靠爵山，具备良好的山海自然环境条件。 • 海岸沿线滩涂现为贝类养殖滩。 • 因开采权限未到等原因，山体露天采矿现象屡见不鲜，不仅严重影响视域景观，更对生态系统产生致命破坏。 • 新老建筑风貌杂乱，大量照抄照搬城市模式			
对应SDGs	SDG11/SDG14/SDG15		
项目建议	以生态保育为核心，严格保护山体植被和沿海滩涂资源		
具体建议	山体区域	• 除林相改造、科研调查外，禁止其他一切森林砍伐活动，保障山体区域的生态视觉效果。同时，允许和鼓励以科学手段进行适当的山体植被林相改造和生态修复，其目的应为提高植物群落稳定性和生物多样性。 • 禁止在视觉敏感度较高的地区开山采石和取土。 • 视域范围内的山体，因采石、取土、建设石洞等原因造成的景观面破损应优先进行整治。整治应以生态恢复治理为主要手段		
	村庄区域	• 以陈桥线为主要轴线，加强沿线两侧绿化改造提升。 • 继续保持并发扬强蛟镇特有的建筑风貌传统，寻求整体协调，并与宏观的山海格局相互呼应。 • 严格控制视域范围内的建筑高度，保证观景点的视野开阔、视线廊道畅通		
	海岸线	• 海陆统筹，以海洋生态保护为立足点，严格控制海水养殖规模，优化海洋功能。严格海水养殖环境准入，强化项目环境管理；在控海水养殖规模的前提下，适当开展海水生态养殖。按照产业化、标准化、无公害化的要求，革新养殖技术、规范养殖新模式，实现生态养殖，减少污染，提高水产品水质。 • 严格保护与合理利用滩涂资源，营建满足动植物繁衍栖息的优良生态微气候环境，达到生物多样性的目的。 • 海岸沿线结合陈桥线，适当增设植被缓冲带或绿色空间。 • 严格限制可能诱发海岸线退蚀的海岸开发活动，包括填海扩建、近岸采砂、采矿、海滨道路建设等		

（笔者整理）

强蛟镇重要景观节点建设指引示例　　　　表5-6

节点1：强蛟镇西部加爵科村，紧邻海岸线	
剖面类型 与特点	山—村—海。由"山"到"水"整体呈现出由"高"到"低"的高程变化，最高海拔145.775m，最低海拔4.153m
	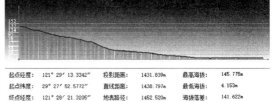
现状分析	• 山体：山体植被生长良好，植被覆盖率高。 • 村庄：加爵科村沿海而居，呈带状分布于海岸线上，最宽处约300m，最窄处约150m，二级公路陈桥线穿境而过。 • 海岸线沿海岸线分布有大面积滩涂
视域分析	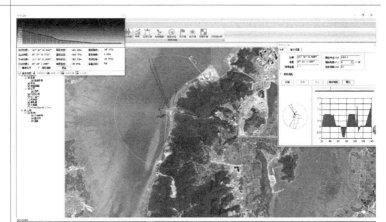
现状判读	拥有良好的"山-宅-海"格局和生态环境，是欣赏夕阳的最佳观景点
建设指引	• 山体区域 保证视域范围内，山地自然景观免受建设景观干扰，形成协调的自然—人工景观视野比例。除林相改造、科研调查外，禁止其他一切森林砍伐活动，保障山体区域的生态视觉效果。同时，允许和鼓励以科学手段进行适当的山体植被林相改造和生态修复，其目的应为提高植物群落稳定性和生物多样性。禁止在视觉敏感度较高的地区开山采石和取土。视域范围内的山体，因采石、取土、建设石洞等原因造成的景观面破损应优先进行整治。整治应以生态恢复治理为主要手段。

建设指引	节点1：强蛟镇西部加爵科村，紧邻海岸线
	• 村庄区域 继续保持并发扬强蛟镇特有的建筑风貌传统，寻求整体协调，并与宏观的山海格局相互呼应。严格控制视域范围内的建筑高度，保证观景点的视野开阔、视线廊道畅通。除非必要及特殊原因，电线塔架、通信基站等市政公用设施应避开视野范围。如确需修建，应选择尽可能相对隐蔽的地址，并减少因施工带来的非建设区域的景观破损。 • 海岸沿线 海陆统筹，以海洋生态保护为立足点，严格控制海水养殖规模，优化海洋功能。严格海水养殖环境准入，强化项目环境管理。按照产业化、标准化、无公害化的要求，革新养殖技术、规范养殖新模式，实现生态养殖，减少污染，提高水产品水质。严格保护与合理利用滩涂资源，营建满足动植物繁衍栖息的优良生态微气候环境，达到生物多样性的目的

（笔者整理）

参与问题辨识的协作者可能是整个规划过程中，最为广泛的群体，甚至包括一些非直接利益相关群体。因此需要面对可能超出生活圈的复杂、动态问题，因此如何展示不同利益相关者对于地方可持续发展问题和目标的关注逻辑，并将各方对于关键问题的判断结果公正、包容地进行关联体现，是这一阶段的重点。研究证明，在景观特征评估框架下，采用定性信息标准化和可视化技术，可有效地对这些不同类型的信息进行整合、提炼和深度分析，更可为地方提供具备操作性、严谨性和清晰性的可持续发展能力判断、评估工具，使其有能力进行复制推广。

本章案例研究结合多方利益相关者参与当地景观特征评估和对地方可持续发展目标与联合国目标的对标研究与实践，分析了基于协作式规划的思想，利用三维电子沙盘技术中的"思维辨识"工具，和对来源于多利益相关方的大量信息进行数据录入和可视化的方法；通过语义自动识别技术和信息提取手段，自动模拟"深度访谈"，从独立语义段落中获取有效概念；在可视化界面中以交互式的方式对集成概念所形成的范畴进行循环凝练和修订；最后，结合数据可视化技术表达不同范畴或目标间逻辑关系的强弱，展示不同利益相关者对于地方可持续发展目标及其历史发展关注点的逻辑变迁。

基于景观媒介的交互式乡村规划方法及其实证研究

研究成果可为地方管理者提供信息更加完善、直观的可持续发展关键问题辨识工具，为地方更好地落实SDGs提供决策依据。将景观特征评估结合信息化数据采集和可视化工具，实现交往交互，也增强了对于地方发展问题辨析的严谨性和清晰性。此外，将全球性的可持续发展目标（SDGs）作为参考来引导地方层面建立自己区域的可持续发展目标（R-SDGs），也为凝练地方经验、讲好中国故事奠定了基础。

第6章

基于交互协商方法的乡村景观矛盾解决研究
——以浙江省宁海县下畈村公共空间选址研究为例

公共空间这一概念源自于哈贝马斯，是指可供居民公共使用的场所（Roberts[1]，2015）。我国农村公共空间在不同的阶段具有不同的特征和内涵。在人民公社时期，农村公共空间具有政治色彩，主要是指以行政化活动为主的场所。随着改革开放，农村公共空间更接近于有西方公共空间的概念，即供村民自由访问和活动的场所。本章以公共空间选址过程中的交互协商方法应用为例，探讨在交互式乡村景观规划中如何处理面对的矛盾冲突。

在解决矛盾冲突的核心阶段，针对明确的规划对象，从不同的角度出发，利益相关方经常会产生难于协调的问题，这些焦点矛盾往往同时涉及情、理、法。我们尝试通过交互式协商，在规划过程中实时体现出对规划目标的理性分析和法律边界，尽量使协商内容保持在合理合法的框架内。

本章以浙江省宁海县下畈村公共空间选址为例，分析了下畈村公共空间现状及当地居民的差异化需求，利用三维电子沙盘对选址过程中自然属性（服务半径、道路格局等）、社会属性（宅基地权属、传统建筑保护等）的实时分析结果，介入到各方对于公共空间选址的交互协商过程中，为不同利益相关者提出的方案提供一个科学分析数据、及时更新边界条件的即时媒介，为各方在博弈中共同探索可能的解决方案提供辅助。

① Roberts J. Habermas：Rescuing the Public Sphere. By Pauline Johnson[J]. Journal of Critical Realism，2015，7（1）：2749-2758.

6.1 公共空间选址方法技术研究

6.1.1 公共空间选址方法研究

公共空间是乡村景观单元的重要组成部分。由于乡村的相对封闭性，乡村的公共空间选址应强调村民的参与性。特别是乡村的公共空间选址涉及村民的切身利益，因此，乡村的公共空间在规划设计阶段更需要与当地村民进行充分协商。

公共空间选址本质上较为复杂，通常涉及空间背景、社会、经济、人口和个体主观感知等因素。在众多因素中，可达性（或可访问性）是公共空间选址的首要考虑因素，即可达性高的位置才能方便公众访问和使用，这体现了公共空间的公共属性（Nutley[1]，2007）。除可达性外，公共空间选址还可能受到其他各种因素的影响，如自然条件（地形、水文地质等）、人口现状、经济发展、文化脉络、交通便利程度、社会弱势群体的需求等（Dong et al.[2]，2015；Hughey et al.[3]，2016）。因此，统筹兼顾、综合评价是公共空间选址规划的主要原则。

总体来说，城市公共空间选址相关研究较多，较为成熟。尽管经济发展、设施条件、人口社会环境等城乡差异决定了乡村公共空间规划设计与城市公共空间规划设计有显著的差异性。但城市公共空间规划设计的理念和方法可作为乡村公共空间选址规划设计的来源和参考。国内研究者对乡

---

① Nutley S D. Planning options for the improvement of rural accessibility: Use of the time-space approach[J]. Regional Studies，2007，19（1）：37-50.

② Dong W，Brown G，Yan L，et al. A comparison of perceived and geographic access to predict urban park use[J]. Cities，2015，42（42）：85-96.

③ Hughey S M，Walsemann K M，Child S，et al. Using an environmental justice approach to examine the relationships between park availability and quality indicators，neighborhood disadvantage，and racial/ethnic composition[J]. Landscape & Urban Planning，2016，148：159-169.

村公共空间规划设计方法进行了探索。郭星和熊宇[①]（2014）在村庄公共中心的规划设计中应用了城市设计的方法。彭凭[②]（2013）将空间理论和场所理论应用到了村落公共空间设计。王大伟等[③]（2018）提出了基于选址指标体系和模糊层次分析法的小城镇公共空间选址评估方法。

从参与到公共空间选址的协商者角度来看，由于涉及公众利益，公共空间的规划设计更应该体现公众的需求和感受。Epule et al.[④]（2014）使用路径分析方法分析了对公共空间舒适性的各种直接和间接影响因素，认为客观指标和个人主观因素对于公共空间的实际舒适度评价均至关重要。因此，公共空间选址和规划设计需要提供更好的协商空间和机会，以便让人们参与当地的公共空间和社区的总体规划和设计。

公共空间选址通常使用定量技术方法，采用数学方法和模型，计算公共空间选址的影响因素指标，为选址决策做参考。项慧珍[⑤]（2018）利用缓冲区分析、可达性分析对公共空间的选址进行了定量的分析。随着GIS技术的发展，研究者利用GIS技术的空间分析功能，计算公共空间选址参考指标，辅助公共空间选址（Yeh and Man[⑥]，1996；Forsyth[⑦]，2000；Mettey et

① 郭星，熊宇. 基于城市设计的村庄公共中心规划设计[J]. 南昌工程学院学报，2014（3）：37-41.
② 彭凭. 基于渔耕文化景观要素的村落公共空间设计研究[D]. 昆明：昆明理工大学，2013.
③ 王大伟，戚红年，戴军. 基于模糊层次分析法的小城镇公共空间选址评价[J]. 金陵科技学院学报，2018，34（1）：50-54.
④ Epule，Terence E，Peng，et al. Enabling Conditions for Successful Greening of Public Spaces：The Case of Touroua，Cameroon Based on Perceptions[J]. Small-scale Forestry，2014，13（2）：143-161.
⑤ 项慧珍. 武汉市洪山区微型公共空间选址研究[J]. 绿色科技，2018（7）：36-39.
⑥ Yeh G O，Man H C. An integrated GIS and location-allocation approach to public facilities planning—An example of open space planning[J]. Computers Environment & Urban Systems，1996，20（4）：339-350.
⑦ Forsyth A. Analyzing Public Space at a Metropolitian Scale：Notes on the Potential for Using GIS[J]. Urban Geography，2000，21（2）：121-147.

al.[①]，2001；Marušić[②]，2011；Davern[③]，2015）。Murad[④]（2003）将GIS应用于零售商店的选址，Wang et al.[⑤]（2016）采用GIS及空间分析方法确定公共自行车站的空间格局，以增加单车使用量。

6.1.2 公共空间选址技术研究

参与式的乡村公共空间规划应将社会感知信息（如村民意愿）与空间信息（如可达性）相结合，以便更好地为规划决策提供信息。公共参与地理信息系统（PPGIS）是一种在参与式规划过程中捕获和使用空间信息的空间直观方法和技术（Brown and Fagerholm[⑥]，2015）。在PPGIS中，参与者在地图上识别各种位置的属性，包括价值、看法、日常活动或对未来土地使用的偏好等。基本上，PPGIS将公共知识，经验，价值观和偏好集成到GIS中，以支持空间决策。在过去十年中，在城市地区进行了

① Mettey C，Demers B，Halper N，et al. Community based open space planning：applications of a GIS[J]. In：Kyle，Gerard，comp. ed. 2001. Proceedings of the 2000 Northeastern Recreation Research Symposium. Gen. Tech. Rep. NE-276. Newtown Square，PA：U.S. Department of Agriculture，Forest Service，Northeastern Research Station. 240-244，2001.

② Marušić B G. Analysis of patterns of spatial occupancy in urban open space using behaviour maps and GIS[J]. Urban Design International，2011，16（1）：36-50.

③ Davern M. Area-Level Disparities of Public Open Space：A Geographic Information Systems Analysis in Metropolitan Melbourne[J]. Urban Policy & Research，2015，33（3）：306-323.

④ Murad A K A. Creating a GIS application for retail centers in Jeddah city[J]. International Journal of Applied Earth Observations & Geoinformation，2003，4（4）：329-338.

⑤ Wang J，Tsai C H，Lin P C. Applying spatial-temporal analysis and retail location theory to pubic bikes site selection in Taipei[J]. Transportation Research Part A Policy & Practice，2016，94：45-61.

⑥ Brown G，Fagerholm N. Empirical PPGIS/PGIS mapping of ecosystem services：A review and evaluation[J]. Ecosystem Services，2015，13：119-133.

许多PPGIS研究（如Raymond et al.[①]，2016；Ives et al.[②]，2017；Pietrzyk-Kaszyńska et al.[③]，2017）。随着公众参与理念的逐步发展，国内研究者逐渐将参与式地理信息系统应用于空间规划中（如丁偕和李满春[④]，2006；袁存忠和余丽钰[⑤]，2013）。

公共空间的公共属性决定了公共空间的选址必须考虑不同利益相关者的意见。特别是在乡村公共空间的选址过程中，由于村民是直接使用者，不同的村民具有不同的教育背景、不同的利益诉求，不同的公共空间选址方案之间必然存在着冲突，这就需要采用相关的机制来协调公众冲突。PPGIS可用于发现和可视化规划冲突，作为媒介介入到各方对于公共空间选址的交互协商过程中。柳林等[⑥]（2006）研究了基于PPGIS的公众冲突的解决机制，提出了城市规划决策的系统框架。Emily et al.[⑦]（2018）将PPGIS应用于城市绿色基础设施规划，结论认为在位置选址过程中，PPGIS可以帮助确定冲突和价值较低的区域，以便进行重新设计和管理，并确定了具体的受欢迎的公共空间功能以进行保护。

① Raymond C M. Integrating multiple elements of environmental justice into urban blue space planning using public participation geographic information systems[J]. Landscape & Urban Planning，2016，153：198-208.

② Ives C D，Oke C，Hehir A，et al. Capturing residents' values for urban green space：Mapping，analysis and guidance for practice[J]. Landscape & Urban Planning，2017，161：32-43.

③ Pietrzyk-Kaszyńska A，Czepkiewicz M，Kronenberg J. Eliciting non-monetary values of formal and informal urban green spaces using public participation GIS[J]. Landscape surban Planning，2017，160：85-95.

④ 丁偕，李满春. 基于GIS的土地利用规划公众参与研究[J]. 现代测绘，2006，29（3）：7-10.

⑤ 袁存忠，余丽钰. PPGIS在地理信息变化监测中的应用研究[J]. 测绘与空间地理信息，2013（11）：34-37.

⑥ 柳林，唐新明，李万斌，等. PPGIS在城市规划决策中的应用[J]. 测绘科学，2006（6）：111-113.

⑦ Emily R，Rieke H，Stephan P. The added value of public participation GIS（PPGIS）for urban green infrastructure planning[J]. Urban Forestry & Urban Greening，2018.

6.2 通过交互协商方法协调规划矛盾冲突

6.2.1 冲突管理的内涵

冲突可以说是规划中必然会遇到的问题，作为冲突管理的规划不仅要尽力使规划中的矛盾在一定条件下能够得到解决，还需要在矛盾解决不了时仍能合理把握存在的矛盾，以寻求新行动的可能性和合理性。这一点可以用"意义体系"（Meaning System）的概念加以解释（Hong[1]，1999）：不同社会阶层的众多成员必然各自具有不同的意义体系。它与"利益"的概念有所不同，利益在特定规划情景下是一个具体的目标、态度或需求；而"意义体系"是从利益中提取出来的基本价值取向和理解，是在规划中的姿态和需要。在众人各自不同的生活中，通过在一个具体的任务中共通的责任和利益，各种利益可能集聚在一起，而意义体系永远是不可调和的，也即基于规划事件的不同利益间冲突的解决办法是从不同意义体系中而来的。

在冲突管理的规划阶段，协商式规划理念本身就是对不同意义体系间达成广泛共识的可能性进行思辨。因此协商式规划的前提假设是，即使已找出了相互都适合的解决办法，不同意义体系的基本目标也永远保持不同（Belant[2]，1997）。共识不意味着一定是完全同意，规划中的对话过程并不是一定要形成持久、深入的共识，而是为了创造多重"意义体系"间平衡共存的条件。这种条件需要一次次地从一个规划项目到下一个项目中创造，因为不可能通过一个简单的对话式规划项目就把不同意义体系结合在一起，而只能是一定条件下的部分解决。

---

[1] Hong Y，Chiu C，Dweck C S，et al. Implicit theories，attributions，and coping：A meaning system approach[J]. Journal of Personality & Social Psychology，1999，77（3）：588-599.

[2] Belant J L. Gulls in urban environments：landscape-level management to reduce conflict[J]. Land Urban Plan，1997，38（3-4）：245-258.

6.2.2 协商式规划的基本特征

协商式规划所产生的焦点矛盾往往同时涉及情、理、法，因此需要在规划过程中实时体现出对规划目标的理性分析和法律边界，尽量使协商内容保持在合理合法的框架内（Laurian[①]，2009）。基于此前提，我们提炼出协商式规划成功的几个关键特征：

- 强调合作，弱化政府的强制性管理，尽可能采用公共协商、咨询的方式以减少利益和权力争端；
- 合作伙伴关系体现为共同发展目标与准则，可以使用合同等法律形式来保障其实施；
- 良好的合作关系会使得整体运作成本降低，对各利益相关主体的每一方都是明智的选择；
- 承认利益相关者间合作来源的多样性；扩展并适当地分散政府机构的权力；
- 积极为当地非正式组织提供发展机会；鼓励、培养社区的自我治理能力；
- 以上所有过程必须持续、公开进行，并公开加以解释。

实际规划中，要找出一个符合每个人利益的、被普遍接受的完美规划决策是很困难的一件事，甚至是不可能的，因此协商规划者们转而寻求规划决策过程的普遍支持，过程与决策结果本身同样重要。因此协商式规划需要找到规划过程中管理冲突的解决方案。Healey[②]（1992）指出，在规划过程一开始，就要对可能出现的利益冲突的如何处理作出大家都接受的承

---

① Laurian L. Trust in Planning: Theoretical and Practical Considerations for Participatory and Deliberative Planning[J]. Planning Theory & Practice，2009，10（3）：369-391.

② Healey P. Planning through debate: The communicative turn in planning theory[J]. Town Planning Review，1992，63（2）：143-162.

诺；即使经过大家的努力，已通过对话达成了共识，此时利益矛盾仍可能存在。不是把矛盾提交给法院去解决，而是方法本身就应当能行使参与者法庭的功能。

一个人有可能对某项规划决定不赞同，但仍然可能接受它，因为他知道这项决定是在公开沟通的条件下达成的，这样会使隐藏于推理背后的争议暴露出来，公开参与者各自的利益，努力协调不同方的利益。一个人能够尽量去理解其对立面的意愿，不是为了对问题有一个大家都同意的解释，而是为了提出彼此矛盾的意见，承认各自存在的权利，这样参与者就会从彼此矛盾的利益中找到大家共同的利益。

6.2.3 通过协商进行冲突管理

在交互协商对冲突进行管理的过程中，每个成员都认识到，绝对真理或每个人都完全同意的方案是不可得的，他们就会接受这样一种观点：由正当协商、规划程序所得出的结论都具有一定合理性。在这一过程中会提高其能力并满足其利益，同时也改善集体福利。作为冲突管理的协商式规划具体如图6-1所示。

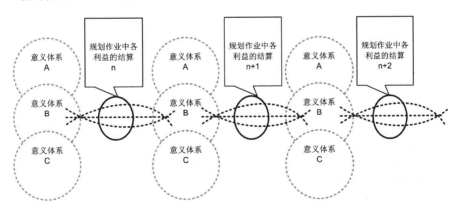

图6-1 作为冲突管理的协商式规划

（笔者绘制）

协商式规划十分强调利用当地知识，促进真正的社会学习。Sandercock[①]（2006）分析了规划中促进多元文化参与的问题。她指出，除非采用公开包容的方法，否则总会有一些群体有可能被排除在有效参与范围之外。通过规划进行社会学习的理念，强调所有公民的重要性。他们实现这一结果主要不是通过争论，而是通过合作、角色转换和利用手头现有的工具，拼凑起所有成员中的各种意见、信息和经验，所有成员都提供创造性的办法，这有助于打破规划过程中可能形成的僵局。

6.2.4 利用客观信息即时介入提升互信

多方有效的交互协商有助于促进冲突各方之间的沟通和信任建立，增加信息和知识交流，从而加强相互学习，是缓解或解决规划冲突的一个好工具（Messmer[②]，2000；Treves et al.[③]，2010；Jones-Walters and Cil[④]，2011；Young et al.[⑤]，2013）。但事实上，传统参与式流程也有局限性，在这一过程中，权力可能在参与者之间不平等地分配，从而导致不满意的结果。此外，部分预期过程的设计和实施失败往往会产生错误的预期、不信任，因

① Sandercock J，Lin P，Zambetta F. Creating Adaptive and Individual Personalities in Many Characters Without Hand-Crafting Behaviors[J]. Lecture Notes in Computer Science，2006，4133：357-368.

② Messmer T A. The emergence of human-wildlife conflict management：turning challenges into opportunities[J]. International Biodeterioration & Biodegradation，2000，45（3）：97-102.

③ Treves A，Kapp K J，Macfarland D M. American black bear nuisance complaints and hunter take[J]. Ursus，2010，21（1）：30-42.

④ Jones-Walters L，Çil A. Biodiversity and stakeholder participation[J]. Journal for Nature Conservation，2011，19（6）：327-329.

⑤ Young J C，Jordan A，R. S K，et al. Does stakeholder involvement really benefit biodiversity conservation？[J]. Biological Conservation，2013，158（2）：359-370.

基于景观媒介的交互式乡村规划方法及其实证研究

此会产生新的或深化的现有冲突（Booth and Halseth[①]，2011；Díez et al.[②]，2015）。

矛盾冲突各方观点差异，除了来自于主观利害外，一部分是客观信息不对称导致的：这些焦点矛盾往往同时涉及情、理、法。需要通过协商式交互，在规划过程中实时体现出对规划目标的理性分析和法律边界，尽量使协商内容保持在合理合法的框架内。具体来说，就是将与冲突事件对应的法律边界、客观数据的实时分析结果，介入到各方的矛盾解决交互协商过程中，为不同利益相关者提出的方案提供一个科学分析数据、及时更新边界条件的即时媒介，有助于识别和解决各种利益相关者的共同或冲突利益，并提高实施的效率。

6.3 研究方法

在协商式规划理论与方法的框架下，公共空间选址协商各方（包括协商者、政府、当地居民）之间通过面对面的对话（不限于语言）进行公共空间选址协商，暴露并解决在公共空间选址过程中不同利益相关者之间的利益冲突，并在三维可视化环境下，进行交互协商。具体实施步骤如下：

构建公共空间选址规划基础场景，包括村庄基础地理信息数据、村庄建筑、路网、自然属性约束性条件、社会属性约束性条件等规划基础场景数据在三维电子沙盘的可视化表达。在三维电子沙盘的支持下，协商组织者（一般由规划师扮演）向参与协商者讲解公共空间选址规划的目的、目标、要求及规划基础数据等内容，使参与协商者了解本次规划的基本信息。

---

① Booth A，Halseth G. Why the public thinks natural resources public participation processes fail：A case study of British Columbia communities[J]. Land Use Policy，2011，28（4）：898-906.

② Díez M A，Etxano I，Garmendia E. Evaluating Participatory Processes in Conservation Policy and Governance：Lessons from a Natura 2000 pilot case study[J]. Environmental Policy & Governance，2015，25（2）：125-138.

由协商者基于前期分析及专业判断，初步展示公共空间选址适宜的位置。在三维电子沙盘中，各利益相关者对选址位置进行讨论，充分表达意见，提出自己认为的可行方案（选址位置），并在三维电子沙盘中进行模拟布置。

协商组织者对模拟方案的实时分析进行小结，结合协商者对于多场景的主观意愿排序，重新梳理、发现、讨论矛盾冲突（有可能是新产生的矛盾），并对部分矛盾冲突给出初步解决方案，在三维电子沙盘中进行模拟布置。如协商成功，则在讨论结果的基础上，给出规划应对方案。如未达成一致意见，则返回起始阶段，进行下一轮协商。

6.4 案例研究

6.4.1 研究区概况

下畈村位于宁海县西南部，岔路镇东部，距离宁海县城16公里，北接山朱胡村，南连湖头村，东临大溪王村，西侧通过乡道与工业园区相接，距离沈海高速6公里（图6-2）。下畈村有农户168户，总人口为476人。村内60岁以下的人数为339人，高龄老人人数众多，其中60～70岁的有72人，70～80岁的有39人，80～90岁的有19人，90岁以上的有6人，村内最年长的老寿星周方团，现年104岁。年轻人大多数白天出去打工，基本只有老人在家。村内60岁以上老年人占比28.8%，村庄人口结构呈现实体空心化。下畈村村庄面积约0.1平方公里，现有耕地面积228

图6-2 下畈村位置示意图

（笔者绘制）

基于景观媒介的交互式乡村规划方法及其实证研究

亩,其中村民有128亩自留地,村集体留一百亩土地,村集体土地中有49亩已审批为工业用地,村内山林面积1115亩,在村北还有两百多亩雷竹林。村庄新批的49亩土地可以作为小微工业园区,有很大的发展潜力。

下畈村当前的主要矛盾是老宅基地因部分无法回收而流转不通的问题。在老宅基地流转中无法落实"一户一宅"政策,因执行力不够使得工程烂尾。村庄住宅用地总量是够用的,问题在于部分老房子不拆的话宅基地无法回收,土地就无法流转。按照以前的政策,农村一户一宅,宁海县城受拆迁的影响,村民向城中村拆迁标准靠拢,而政策上农村拆迁补偿和城中村拆迁补偿标准不一,使得农村房屋拆迁工作难以进行。另一方面,下畈村存在土地违规使用问题,村民用集体土地盖房子,目前没有现成的政策方式来解决这个问题。

6.4.2 乡村景观核心矛盾分析

6.4.2.1 发展机遇

基于SWOT的分析(图6-3),村庄主要发展机遇包括外部机遇与内部潜力两方面。

外部机遇主要包括:

- 村庄基础好,更易吸引政府政策与外部投资倾斜,村庄的各项荣誉及大樟树的明星效应会为村庄发展带来机会;
- 政府在村北拟建小微生态工业园区,可为村庄提供一定就业,带动村庄发展;
- 政府对发展乡村旅游的资金与政策扶持会加强;
- 政府投资对河道改造后会进一步提升村庄整体形象;
- 枫湖生态公园改造对村庄整体环境的提升;
- 周围村镇旅游业的发展会产生扩散效应。

内在潜力主要包括:

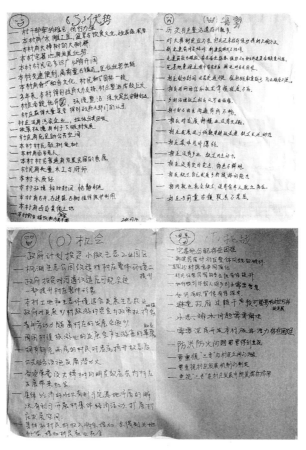

图6-3 下畈村发展SWOT分析

（笔者拍摄）

- 土地和生态环境适合发展生态农业和旅游产业；
- 青年劳动力随着村庄的发展会返乡；
- 一户多宅的村民对于收回老宅基地持开放态度，村庄有收回老宅基地的潜力；
- 集体经济的壮大有利于宅基地矛盾的解决、开展村集体经济活动、扩展村庄发展空间；
- 集体和村民的收入将会增加，会得到失地补偿，增加村民就业机会；
- 公共服务设施发展潜力大。

6.4.2.2 发展挑战

基于SWOT分析，村庄发展的挑战包括以下几个方面：

- 村庄多年来备受政府关注，给予了诸多政策扶持，而政府过度干预可能影响村庄的可持续发展；
- 如何有效地宣传有待探索；
- 重视三委在村庄发展中所发挥的作用；
- 宅基地分配存在困难；
- 村民经营民宿需要专业指导培训；
- 村庄发展需要吸引更多的年轻人返乡创业；
- 村庄防洪防火问题需要得到重视。

6.4.2.3 发展问题

基于SWOT分析，村庄发展的问题包括以下几个方面（图6-4）：

- 最大问题是老宅基地遗留问题；
- 出现过强拆事件，矛盾激化；
- 村民与村干部沟通不充分，两者处于间接沟通；
- 普通村民与干部沟通是通过村民代表；
- 村干部的权力缺乏有效约束；
- 干部在村庄建设过程中不重视村民意见；
- 路面改造后，新改路面高于小巷路面，排水出现问题；
- 村民对干部有不满情绪；
- 大部分村民走南闯北、见多识广、心胸开阔，容易沟通；
- 个别村民居住条件差；
- 村民对发展民宿积极性很高；
- 传统建筑保护不善；

- 村民敬畏大樟树；

- 村庄绿化美化工作好；

- 很多村民对传统园林小品有浓厚兴趣；

- 政府对本村支持力度很大；

- 村民集体文化生活不丰富；

- 小卖部不方便；

- 新建硬化路面影响大樟树生长；

- 庙宇和村民联系少；

- 基础设施比较完备（天然气管道铺设正在规划）；

- 本地区是台风的"天然避风港"；

- 小街小巷缺乏维护；

- 停车场问题。

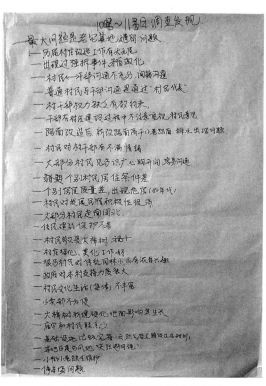

图6-4 下畈村发展矛盾冲突分析示意

（笔者拍摄）

基于景观媒介的交互式乡村规划方法及其实证研究

6.4.2.4 乡村景观核心矛盾分析

基于上述SWOT分析可以发现,下畈村发展基础较好,具有较好的发展内外部环境,村民具有积极的发展意愿,具有良好的发展前景。但从乡村景观角度,制约进一步发展的核心矛盾在于现有的乡村公共空间规模和布局不能满足未来村庄发展以休闲养老为主的民俗产业的需求,其本质是未来公共空间规划布局与村民个人利益间的矛盾。

6.4.3 公共空间现状及需求分析

6.4.3.1 公共空间现状

如图6-5及图6-6所示,下畈村内共有五处公共空间,分别是位于村庄北侧的村委会和寺庙,村庄西侧的祠堂和运动广场,以及村庄东侧的大

图6-5 下畈村公共空间分布示意图

(笔者绘制)

樟树广场。村级活动的主要场所为村委大楼和大樟树广场。村内大樟树广场的公共空间基本能够满足当前村民的日常活动需求。老年活动中心位于村委大楼，老年人多在这里娱乐消遣。村内祠堂正在进行翻新；村内有小卖部两处，但商品很少，不能满足村民日常生活需求。村内没有医务室，没有幼儿园、小学、养老中心。村内儿童多在岔路镇或者宁海县城上学；村民看病一般去湖头村医务室。

图6-6　下畈村现状公共空间在三维电子沙盘中的显示

（笔者制作并截图）

6.4.3.2　村庄发展需求

　　下畈村特有的资源优势包括环境相对封闭，远离城市喧嚣，空气清新宜人，环境优美，小桥流水，乡村古树有浓厚的南方乡村气息，此外，村庄有浓厚的文化底蕴，慈孝文化、和合文化历史悠久。结合下畈村当地特色，下畈村的发展目标为：发挥自然和人文优势，发展生态宜居、社会和合、产业可持续的景区化乡村，促进当地经济、社会、生态的全面发展，实现人口、资源与环境的可持续发展。

　　为实现上述村庄发展目标，村庄的总体规划目标为"适合养生的静怡下畈"，即借助下畈村资源优势，力求打造更加美好、更加和谐的下畈村。以改善人居环境为切入点，保留村庄肌理，完善基础设施建设，重点打造特色养生民宿，辅以建设旅游基础设施、丰富旅游服务功能；建立适合民宿发展的运作机制，促进村民、村集体和外来文旅企业的互惠互利。最终实现村庄向三产转型，经济发展稳步提升，村庄团结和谐，生态健康。

6.4.3.3 公共空间需求

为实现上述发展和规划目标，未来需要规划布局的公共空间包括：

- 新建一处停车场：保留慈孝公园西侧村庄入口处停车场，同时在村委会北侧新建停车场，以应对未来旅游发展可能带来的外来车辆停放需求增加的情况。
- 新建两个露天公共空间：尽管当前村内大樟树广场基本能够满足当前村民的日常活动需求，但无法满足其未来发展需求。未来楼梯公共空间需兼顾景观性和实用性，既能提供给游客休憩的场所，又能提供给村民手工劳作的场地，从而维持较高的人气。
- 一处综合服务中心：旅游综合服务中心为未来的养老民俗、旅游提供咨询、购物、医疗等服务。

6.4.4 自然属性约束条件分析

6.4.4.1 服务半径分析

当服务半径为100米、150米、200米时，祠堂基本仅可辐射到周家墙弄（村东北大樟树至村西南枫湖道路）以北，后门溪（村庄北侧河道）以南；当服务半径为300米时，除村庄东南侧一角，祠堂基本可辐射到全村范围。具体如图6-7所示。

当服务半径为100米时，村委会仅可辐射到后门溪（村庄北侧河道）以北的部分区域；当服务半径为150米、200米、250米时，村委会可辐射到村中心大樟树以北的区域；当服务半径为300米时，村委会也只能辐射到村庄北侧一半区域。具体如图6-8所示。

寺庙与村委会的辐射范围基本相同。当服务半径为100米时，寺庙仅可辐射到后门溪（村庄北侧河道）以北的部分区域；当服务半径为150米、

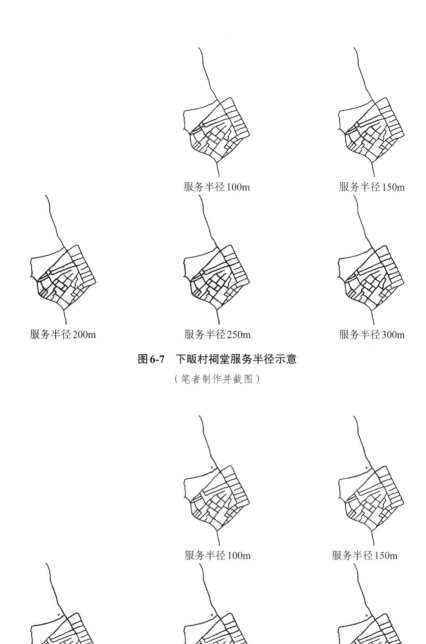

服务半径100m   服务半径150m

服务半径200m   服务半径250m   服务半径300m

图6-7   下畈村祠堂服务半径示意

（笔者制作并截图）

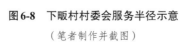

服务半径100m   服务半径150m

服务半径200m   服务半径250m   服务半径300m

图6-8   下畈村村委会服务半径示意

（笔者制作并截图）

200米、250米时，寺庙可辐射到村中心大樟树以北的区域；当服务半径为300米时，寺庙也只能辐射到村庄北侧的一半区域。具体如图6-9所示。

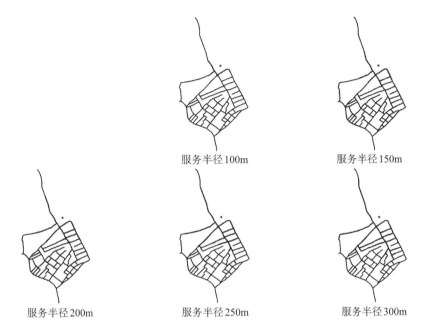

服务半径100m

服务半径150m

服务半径200m

服务半径250m

服务半径300m

图6-9 下畈村寺庙服务半径示意

（笔者制作并截图）

运动广场与祠堂的辐射范围基本相同。当服务半径为100米、150米、200米时，运动广场基本仅可辐射到周家墙弄（村东北大樟树至村西南枫湖道路）以北，后门溪（村庄北侧河道）以南；当服务半径为300米时，除村庄东南侧一角，运动广场基本可辐射到全村范围。具体如图6-10所示。

当服务半径为150米、200米、250米时，大樟树广场已可以辐射到村庄一半或一半以上范围；当服务半径为300米时，除村庄最南端一角，大樟树广场基本可辐射到全村范围。具体如图6-11所示。

6.4.4.2 空间句法分析

20世纪70年代，空间句法理论由英国伦敦大学巴格特建筑学院Bill Hillier等英国学者提出。作为一种新的描述建筑与城市空间模式的语言，其基本思想是空间元素之间整体性的复杂关系影响并决定社会经济现象。

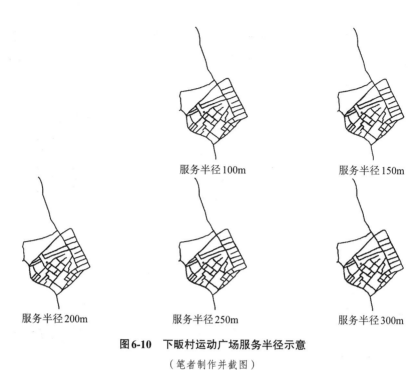

服务半径100m　　　　　　　服务半径150m

服务半径200m　　　　　服务半径250m　　　　　服务半径300m

图6-10　下畈村运动广场服务半径示意

（笔者制作并截图）

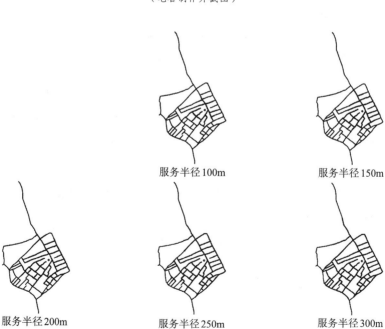

服务半径100m　　　　　　　服务半径150m

服务半径200m　　　　　服务半径250m　　　　　服务半径300m

图6-11　下畈村大樟树广场服务半径示意

（笔者制作并截图）

空间句法用于对空间进行尺度划分和空间分割，分析其复杂的关系。空间句法的几个核心分析指标包括：

连接值（Connectivity），指与某节点邻接的节点个数，表示该节点的可达性。

控制值（Control），是连接值的倒数，表示某一节点对与之相交的节点的控制程度。控制值是局部性指标，某一节点的控制值越高，该节点对周围空间的控制程度越强。

深度值（Depth），是全局性指标，假设邻接节点间的距离相同，两个节点间的深度量为两个节点间的最短路程。

整合度（Integration），指一个节点与系统中其他节点的集聚或者离散程度。整合度为全局性指标，值越大，空间节点可达性越好。

本案例研究利用控制值指标来分析下畈村的道路网络空间格局，结果如图6-12所示。可以看出，控制值最高的节点（路段）分布于周家墙弄与长孝湖东北道路相交路口以北路段，以及运动广场南侧路段，说明在下畈村内这两条路段对周围空间的控制程度最强；控制值最低的节点（路段）分布于大樟树广场东侧，说明下畈村内这条路段对周围空间的控制程度最低。

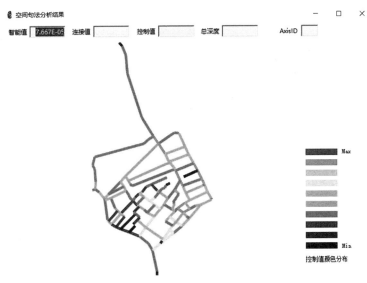

图6-12　下畈村道路网空间句法分析

（笔者制作并截图）

6.4.5　社会属性约束条件分析

6.4.5.1　村民意愿分析

基于调研及SWOT分析发现，村民对村庄发展规划持开放态度，对发展民俗持支持态度。村内闲置的老宅基地较多，因为一户多宅问题而无法流转，加上住宅用地指标有限，导致村内宅基地流转不开，村内一些年轻人有意愿在村内发展民宿，但因为宅基地问题不得不暂时搁置。宅基地问题已经成为掣肘村庄发展的一个障碍。

6.4.5.2　宅基地权属分析

基于参与式地理信息系统（三维电子沙盘），在村民积极参与下，在现场对开放空间社会属性约束条件进行了判别和信息收集（图6-13），获得了下畈村空、废弃宅基地分布及传统建筑宅基地分布。

a.村民通过三维沙盘表述自身建议　　　b.现场在三维电子沙盘实时更新村民意愿

图6-13　对于下畈村开放空间社会属性约束条件的判别现场

（笔者拍摄）

下畈村空、废弃宅基地分布如图6-14所示。其中，黑色斜体数字表示空宅基地（及已废弃农房）内在村内已有住房的村民编号，蓝色斜体数字表示空宅基地（及已废弃农房）内在村内无新建住房或空宅基地的村民编号（村民编号详情见表格《空宅基地〈及已废弃农房〉涉及农户》），黑色数字表示空宅基地内的涉及村民在村内住房的分布。可以看出，下畈村内空宅基地（及已废弃农房）主要集中在村庄西南侧，即周家墙弄（村东北大樟树至村西南枫湖道路）以北的区域内。几乎每块空宅基地（及已废弃农房）内都含有多户村民的宅基地，其中部分村民在村内已有住房。

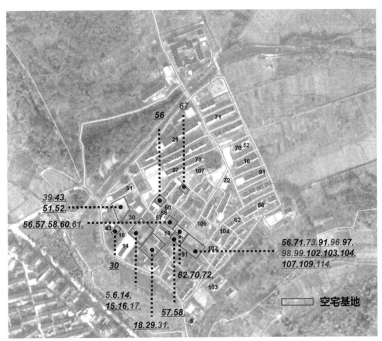

图6-14 下畈村空、废弃宅基地分布情况分析

（笔者绘制）

下畈村内传统建筑分布如图6-15所示。其中，黑色斜体数字表示传统建筑内在村内已建设新房的村民编号，红色斜体数字表示在村内仅有空宅基地村民编号（村民编号详情见表格《传统建筑内涉及农户》），黑色数字表示传统建筑内涉及村民在村内新建住房的分布。可以看出，村内传统建筑主要集中在村庄西南侧，即周家墙弄（村东北大樟树至村西南枫湖道路）沿线。几乎每栋传统建筑内都含有多户村民，其中部分村民在村内已建设新房。

下畈村内空宅基地（及已废弃农房）和传统建筑皆存在一宅多户情况，主要集中在村庄西南侧、周家墙弄（村东北大樟树至村西南枫湖道路）以北（图6-16）。一宅多户详细情况请见表格《空宅基地（及已废弃农房）涉及农户》《传统建筑内涉及农户》。

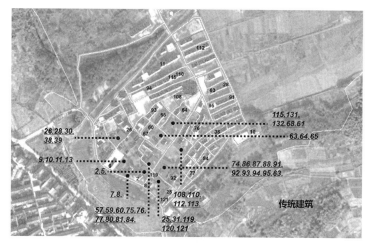

图6-15 下畈村传统建筑宅基地分布

（笔者绘制）

图6-16 下畈村空、废弃宅基地和传统建筑分布情况

（笔者绘制）

　　空宅基地（及已废弃农房）涉及农户中有超过三分之二农户在村内已有住房，其住房极少位于空宅基地或已废弃农房附近，主要分布在村庄东侧。传统建筑涉及农户中有百分之六十农户在村内已建设新房，新建住房零散分布在村内。具体如图6-17所示。

图 6-17　下畈村空、废宅基地和传统建筑所属农户在村内其他住房分布示意

（笔者绘制）

若将村内空宅基地（及已废弃农房）统一规划利用，则需补偿十一户村民，需补偿的村民的空宅基地（及已废弃农房）主要分布在周家墙弄以北（村东北大樟树至村西南枫湖道路）。若将村内传统建筑统一规划利用，则需补偿二十户村民，需补偿的村民目前主要居住在村庄西南侧。若同时将村内空宅基地（及已废弃农房）和传统建筑统一规划利用，则需补偿二十六户村民（个别村民在村内同时拥有空宅基地或已废弃农房和老宅）。具体如图6-18所示。

图6-18　下畈村空、废宅基地另做他用后需补偿村民分布示意

（笔者绘制）

6.4.5.3 村民冲突焦点分析

基于上述调研及分析可以发现，闲置老宅基地较多，一户多宅现象较为普遍，再分配难度大，再加上宅基地指标缺乏，老宅基地矛盾更为突出。在公共空间选址方面，由于涉及村民的具体利益，尤其是宅基地置换、腾退等问题，村民矛盾突出，需要在规划阶段尽量规避和解决这些矛

基于景观媒介的交互式乡村规划方法及其实证研究

盾。公共空间选址过程中，村民冲突焦点主要体现在公共空间占用宅基地的补偿、置换问题，公共空间对周围住户的影响问题，以及传统建筑保护的需求。

6.4.6 公共空间选址协商

在协商式规划理论与方法的指导下，公共空间选址协商是使用参与式地理信息系统（三维电子沙盘），在三维可视化环境下，公共空间选址利益相关各方（规划人员、政府、当地居民）之间动态合作的过程，通过面对面的对话进行下畈村的公共空间选址规划，暴露并解决在公共空间选址过程中不同利益相关者之间的利益冲突。具体实施步骤如下。

6.4.6.1 基础场景构建

基于电子沙盘系统，使用电子沙盘交互式景观设计工具，在电子沙盘中通过人机交互的方式构建供交互式讨论的基础场景（图6-19）。

基础场景讲解 协商式讨论过程

图6-19 下畈村公共空间选址交互协商过程

（笔者团队拍摄）

基础场景包括道路网、建筑、环境要素（如大槐树等）等现状景观要素，并在此基础上标注了宅基地等自然和社会属性约束条件。如图6-20所示，已有公共空间、传统建筑、空闲宅基地分别由红色、黄色及蓝色进行了标注。在服务半径分析和空间句法分析的基础上，规划人员依据专业知识，生成公共空间选址适宜性位置图供讨论。

红色图标代表公共空间
蓝色图标代表传统建筑
黄色图标代表空闲宅基地

a.下畈村基础三维电子沙盘 　　　　　　b.公共空间选址适宜性位置

图6-20　下畈村基础场景

（笔者制作并截图）

6.4.6.2　专家初步选址意见介绍

在三维电子沙盘的支持下，协商组织者向参与规划人员讲解公共空间选址规划的目的、目标、要求及规划基础数据等内容，使参与规划人员了解本次规划的基本信息。由规划人员基于前期分析及专业判断，初步展示公共空间选址适宜性位置，供各方协商。下畈村公共空间选址适宜性位置专家选择依据见表6-1。

下畈村公共空间选址适宜性位置专家选择依据 　　　　　　表6-1

位置编号 Location Number	选择依据（专家意见） Selection Basis from Expert Opinion
A	空间句法可达性非常高，位于村庄核心区域，且服务半径能覆盖居民较多
B	空间句法可达性较高，位于村庄相对核心区域，但服务半径覆盖居民较少
C	空间句法可达性较低，服务半径覆盖居民较少，但位于村庄边缘，出入较为方便，周围比较开阔
D	空间句法可达性非常高，位于村庄相对核心区域，服务半径覆盖居民相对较多
E	空间句法可达性较低，服务半径覆盖居民相对较少，但位于村庄边缘，周边影响较小，开放难度小
F	空间句法可达性较低，且服务半径能覆盖居民相对较少，但位于村庄相对核心区域，空间区位较好

位置编号 Location Number	选择依据（专家意见） Selection Basis from Expert Opinion
G	空间句法可达性非常高，但位于村庄边缘，且服务半径覆盖居民相对较少
I	空间句法可达性较低，且服务半径能覆盖居民相对较少，但位于村庄相对核心区域，空间区位较好
J	不适宜。空间句法可达较低，且位于村庄边缘，且服务半径覆盖居民相对较少

（笔者整理）

6.4.6.3 第一轮协商

基于三维电子沙盘，对参与规划的村民、政府代表（镇长、村委会）、与会专家进行规划讲解，使参与规划人员了解本次规划的基本信息，包括公共空间选址规划的目的、目标、要求及规划基础数据等内容。在此基础上，在三维电子沙盘的支持下，组织参与人员进行讨论。

第一轮讨论的主要内容包括对初步拟选位置的参与者意见征集，对参与者意见进行大致的分级评判，包括强烈反对、有部分意见、可协商、无意见等级别。在讨论过程中，参与者根据自己的了解，提出自己认为较好的位置，由规划人员在电子沙盘中标识出来。第一轮讨论结果如图6-21所示，其中位置1～3为讨论过程中依据参与者意见新增的点位。各点位

图6-21　下畈村公共空间选址第一轮协商结果

（笔者制作并截图）

讨论结果如表6-2所示，"矛盾冲突（村民意见）"总结了各点位的意见。"结论"一栏说明了依据"矛盾冲突（村民意见）"，并结合专家意见（空间句法分析、服务半径分析）形成的各点位的第一轮结论。

下畈村公共空间选址第一轮协商结果说明 表6-2

位置编号 Location Number	适宜性评价 Suitability Assessment	矛盾冲突（村民意见） Conflicts from Villagers' Opinions	结论 Conclusion
A	适宜性非常高	矛盾较少	保留
B	适宜性较高	基本无矛盾	保留
C	不适宜	周围影响，周边村民有部分意见	移除
D	适宜性较高	基本无矛盾	保留
E	不适宜	基本无矛盾	保留
F	适宜性较低	周围影响，周边村民有部分意见；补偿要求较高	移除
G	不适宜	周围影响，周边村民不同意	移除
H	适宜性较低	周围影响，周边村民有部分意见；补偿要求较高	移除
1	适宜性较高	宅基地问题	新增
2	不适宜	宅基地问题	新增
3	适宜性较低	宅基地问题；周围影响，周边村民有部分意见；补偿要求较高	新增

（笔者整理）

6.4.6.4 第二轮协商

在第一轮讨论的结果基础上，进行了补存性讨论，主要对第一轮的初步结论进行了再次讨论。结果如图6-22和表6-3所示，其中新增点位2和新增点位3经过讨论认为不必要保留，新增点位4。

6.4.6.5 协商结果展示与讨论

在现场讨论结果的基础上，依据专家意见，对各点位的适宜性进行综合评价和排序，结果如图6-23和表6-4所示。该结果将用于公共选址规划参考。

图6-22　下畈村公共空间选址第二轮协商结果

（笔者制作并截图）

下畈村公共空间选址第二轮协商结果说明　　　　　　　　表6-3

位置编号 Location Number	适宜性评价 Suitability Assessment	矛盾冲突 Conflicts	第一轮结论 Conclusion in 1st Round	第二轮结论 Conclusion in 2^{ed} Round
A	适宜性非常高	矛盾较少	保留	保留
B	适宜性较高	基本无矛盾	保留	保留
C	不适宜	周围影响，周边村民有部分意见	移除	移除
D	适宜性较高	基本无矛盾	保留	保留
E	不适宜	基本无矛盾	保留	保留
F	适宜性较低	周边村民有部分意见；补偿要求较高	移除	移除
G	不适宜	周围影响，周边村民不同意	移除	移除
H	适宜性较低	周边村民有部分意见；补偿要求较高	移除	移除
1	适宜性较高	宅基地问题	新增	保留
2	不适宜	宅基地问题	新增	移除
3	适宜性较低	宅基地问题；补偿要求较高	新增	移除
4	适宜性较低	宅基地问题；补偿要求较高	新增	新增

（笔者整理）

图6-23 下畈村协商式公共空间选址讨论阶段结果

（笔者制作并截图）

下畈村公共空间选址讨论阶段结果说明　　　　　　　　　　表6-4

位置编号 Location Number	适宜性评价 Suitability Assessment	矛盾冲突 Conflicts	优先次序 Priority
A	适宜性非常高	矛盾较少	1
B	适宜性较高	基本无矛盾	2
C	不适宜	周围影响，周边村民有部分意见	7
D	适宜性较高	基本无矛盾	3
E	不适宜	基本无矛盾	4
F	适宜性较低	周围影响，周边村民有部分意见；补偿要求较高	8
G	不适宜	周围影响，周边村民不同意	6
H	适宜性较低	周围影响，周边村民有部分意见；补偿要求较高	5
1	适宜性较高	宅基地问题	1
2	不适宜	宅基地问题	4
3	适宜性较低	宅基地问题；补偿要求较高	2
4	适宜性较低	宅基地问题；补偿要求较高	3

（笔者整理）

基于景观媒介的交互式乡村规划方法及其实证研究

6.4.7 规划应对

　　基于规划需求，下畈村公共空间规划包括新建一处停车场，新建两个露天公共空间及一处综合服务中心。在协商式公共空间选址讨论结果的基础上，结合村总体规划，形成下畈村公共空间选址方案，如图6-24所示。

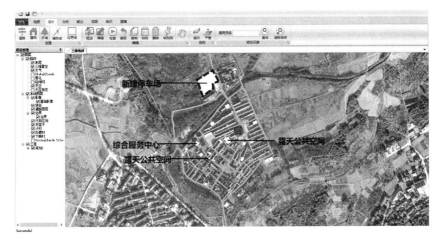

图6-24　下畈村公共空间选址规划结果

（笔者制作并截图）

- 村委会北侧（位置编号J）新建一处停车场：地块J现为竹林，地块完整。此处汽车可达性较高，具有一定连接街道的通行能力。并且此地块与村民住宅区域被河分隔，在此新建停车场既可满足未来旅游发展增加的停车需求，也不会对村民日常生活产生负面影响。
- 祠堂南侧（位置编号A）、大樟树西侧（位置编号D）新建露天公共空间：地块A和地块D位于村庄核心区域，服务半径能覆盖居民较多。在这两处位置新建公共空间，同时也可补充原本村庄西南侧公共空间较少的情况。
- 祠堂西侧（位置编号E）新建综合服务中心：地块E所处位置汽车可达性较高，具有一定连接街道的通行能力，且距离现有停车场与规划停车场较近。同时，地块位于村庄边缘，在此建设综合服务中心对村民日常生活影响较小。

　　本章案例研究将可以提供实时分析结果的辅助工具与协商式规划方法相结合，并应用于其公共空间选址规划中，分析了案例乡村的公共空间现状、当地居民的差异化需求；之后通过基于可视化的协商式讨论，使其介入到各方对于公共空间选址的交互协商过程中，最终为公共空间选址提供了合情、合理、合法的依据。分析工具作为一方协商主体加入到交互协商中的实践，为在协商者之间架设一座更为有效率的桥梁，打通多主体间的有效互动途径，寻求矛盾解决（或规避）方案提供了一条有效的途径。

第 7 章

基于交互交往方法的乡村景观优化提升研究
——以浙江省奉化区大堰镇开放空间优化研究为例

在基本矛盾冲突得到解决后，乡村景观规划需要在细节设计上进行多专业交叉处理，一般是通过不同专业相互交往，针对某一特定景观问题进行判断、优化和提升处理。而景观的细节设计、优化处理过程中的交互，通常发生在相对理性的群体中，如不同学科学者间。其矛盾的核心出发点多源于自身知识结构和背景不同而产生差异性观点，核心难点在于多方所需信息的差异性，以及表达形式的可接受度。通过交往式交互，应用提升能够满足各方信息接收和表达需求，使各方产生共鸣并获得相对一致理解的信息工具。本案例研究以乡村聚落开放空间为研究对象，来阐述、表征基于交互交往的乡村景观优化提升方法。

对于聚落开放空间的设计是乡村景观规划的重要内容之一。作为开放空间设计的辅助手段，与可视性分析相关的研究在上世纪初就开始了。Lynch（1960）通过对住户在特定环境下的印象和反应收集，对空间的视觉形象和理解进行了系统的分析和研究。他提出城市公民通过他们的经验获得自己的城市形象，而所谓的"经验"大多数来自视觉感观。城市形象的五要素（地域、路径、节点、边缘和地标）支持这一理念，这也是人们熟悉空间有形因素的出发点。相应地，研究者们进行了相关的研究，试图从空间变量和心理状态中找到可能的联系，并试图在不同尺度空间设计中融入可视性评估，来判断对人情绪可能产生的影响。

空间的可视性可以唤起强烈的情感反应，如对环境的审美体验，传统空间设计中的可视性评价结论通常来自于与人的感性互动（Gaber[①]，1993；

① Gaber J. Reasserting the importance of qualitative methods in planning[J]. Landscape & Urban Planning，1993，26（1–4）：137-148.

Pullar and Tidey[1]，2001；张晓彤等[2]，2010）。聚落开放空间可视性是影响建筑空间体验和认知的因素之一，也是公众对于其形态理解的重要出发点。通过对开放空间的可视性保持专注，设计师能够知道他们的决定将带来的潜在影响，这可能有助于大大提高其空间发展的质量。

7.1 聚落开放空间优化设计研究

从2D、2.5D到3D，在过去的几十年里，研究人员已经大量尝试利用独特的方法对聚落视觉因素进行采集，其进展主要来自于分析工具和方法的进步。

7.1.1 开放空间设计优化工具

可视性分析数据的来源是影响其分析的最重要因素。早期，平面的地图或规划图被用作数据源：在观察点被固定后对可见区域、建筑物障碍区域进行人工划定（Benedikt[3]，1979）。此后，"视域（Viewshed）"（如Schauppenlehner et al.[4]，2017）或"视域（Isovist）"（如Batty[5]，2001；

---

① Pullar D V，Tidey M E. Coupling 3D visualisation to qualitative assessment of built environment designs[J]. Landscape & Urban Planning，2001，55（1）：29-40.

② 张晓彤，宇振荣，王晓军，等. 场景可视化在乡村景观评价中的应用[J]. 生态学报，2010，30（7）：1699-1705.

③ Benedikt M L. To Take Hold of Space：Isovists and Isovist Fields[J]. 1979，6（1）：47-65.

④ Schauppenlehner T，Salak B，Scherhaufer P，et al. Assessment of the visual landscape impact and dominance of wind tubines in Austria using weighted viewshed maps[C]// EGU General Assembly Conference. EGU General Assembly Conference Abstracts，2017.

⑤ Batty M. Exploring Isovist Fields：Space and Shape in Architectural and Urban Morphology[J]. Environment and Planning B：Planning and Design，2001，28（1）：123-150.

Turner et al. [①], 2001)成为可视性分析的初始方法, 也使其他视觉因素如视域面积、周长、紧凑度的进一步计算成为可能。在早期三维可视性分析发展过程中, 数字高程模型(DEM)、数字表面模型(DSM)或不规则三角网(TIN)的应用(Llobera [②], 2003; Fisher-Gewirtzman et al [③], 2005; Yang et al. [④], 2007; Morello and Ratti [⑤], 2009; Yu and Pan [⑥], 2011), 使得为空间计算提供必要的高程数据成为可能。虽然在复杂的三维模型中立面信息的表达仍然存在一些局限性, 但是这些地表模型的介入使得可视分析得以向三维发展。主要可视性分析工具及其特征和代表案例见表7-1。

主要可视性分析工具及其特征和代表案例 表7-1

分析工具 Analysis tools	主要特征 Main features	代表案例 Representative cases
Sketch UP	+易于设计师短期内掌握、适用范围广、软件兼容性较强 -无分析功能、无自动生成地形信息	Chai [⑦], 2009; Lin et al. [⑧], 2017

① Turner A, Doxa M, O'Sullivan D, et al. From isovists to visibility graphs: a methodology for the analysis of architectural space[J]. Environment & Planning B Planning & Design, 2001, 28(1): 103-121.

② Llobera M. Extending GIS-based visual analysis: the concept of visualscapes[J]. International Journal of Geographical Information Science, 2003, 17(1): 25-48.

③ Fisher-Gewirtzman D, Pinsly D S, Wagner I A, et al. View-oriented three-dimensional visual analysis models for the urban environment[J]. Urban Design International, 2005, 10(1): 23-37.

④ Yang P J, Putra S Y, Li W. Viewsphere: A GIS-based 3D visibility analysis for urban design evaluation[J]. Environment & Planning B Planning & Design, 2007, 34(6): 971-992.

⑤ Morello E, Ratti C. A digital image of the city: 3D isovists in Lynch's urban analysis[J]. Environment & Planning B Planning & Design, 2009, 36(5): 837-853.

⑥ Yu L J, Pan Y. The key problem of service-based integration of 2D GIS and 3D visuliation technology and its solution[J]. Journal of Geo-Information Science, 2011, 13(1): 58-64.

⑦ Chai G H, Liao B H, Ting-Xing H U. Design and realization of the virtual Dujiangyan campus of Sichuan agricultural university based on SketchUp and ArcGIS[J]. Science of Surveying & Mapping, 2009, 34(6): 270-272.

⑧ Lin T P, Lin H, Hu M Y. D Visibility Analysis in Urban Environment -Cognition Research Based on Vge[J]. 2013, Ⅱ-2/W1: 227-236.

分析工具 Analysis tools	主要特征 Main features	代表案例 Representative cases
City Engine	+可快速创建三维场景、展示效果较好 -无分析功能、软件兼容性差	Ribeiro et al.[1]，2014 Hu et al.[2]，2014
What if	+可实现土地需求分析、土地利用供给/分配分析 -仅限于土地规划方案比较、无三维展示	Vriend[3]，1990
Community Viz	+协作式的社区理念、可分析其潜在影响、可从环境经济社会不同角度进行决策分析 -三维场景主要用于展示、无场景编辑功能、缺少土地利用分析模块	Zorica et al.[4]，2006 Walker and Daniels[5]，2011

（笔者编制）

  之后，一些景观要素3D模型被应用到了可视分析中（Stamps[6]，2001；Ciftcioglu and Bittermann[7]，2008；Lin et al.2013；张晓彤等[8]，2017），它可以清晰地显示3D建筑物和背景之间的空间关系，并且使用数字化模型进行计算，得到相应的可视因素。相对于地表模型，全3D模型将更为复杂的计算引入到了可视性分析中，使实际环境的高程得到了精确的保障。

① Ribeiro A，Duarte J P，Almeida D，et al. Exploring CityEngine as a Visualisation Tool for 3D Cadastre[C]//International Fig 3d Cadastre Workshop. 2014.

② Hu X，Liu X，He Z，et al. Batch modeling of 3D city based on Esri cityEngine[C]// Iet International Conference on Smart and Sustainable City. IET，2014：26-30.

③ Vriend G. WHAT IF：A molecular modeling and drug design program[J]. Journal of Molecular Graphics，1990，8（1）：52-56.

④ Zorica Nedović-Budić，Kan R G，Johnston D M，et al. Community Viz-Based Prototype Model for Assessing Development Impacts in a Naturalized Floodplain—EmiquonViz[J]. Journal of Urban Planning & Development，2006，132（4）：201-210.

⑤ Walker D，Daniels T L. The planners guide to Community Viz：the essential tool for a new generation of planning[M]. Washington DC：American Planning Association Planner Preaa，2011.

⑥ Stamps A E. Evaluating enclosure in urban sites[J]. Landscape & Urban Planning，2001，57（1）：25-42.

⑦ Ciftcioglu O，Bittermann M S. Solution diversity in multi-objective optimization：A study in virtual reality[C]// Evolutionary Computation. IEEE，2008：1019-1026.

⑧ 张晓彤，段进明，宇林军，等. 基于三维电子沙盘的参与式乡村历史景观评估：以贵州省对门山村为例[J]. 中国生态农业学报，2017，25（10）：1403-1412.

近年来，一些计算机辅助工具将地理信息系统（GIS）引入可视性分析，使多视点复杂环境的自动计算成为可能。而地表（DEM、DSM或TIN）和三维模型也作为数据源被集成其中（如ArcGIS）（Llobera[①]，2003；Stamps[②]，2005；Yang[③] et al，2007；Yu and Pan[④]，2011）。三维建模软件也得到了广泛的应用，包括Sketch Up、City Engine、What if、Community Viz等工具，在常规设计的同时，可以为可视性分析提供详细且高度仿真的场景模型。然而因为个性化需求的要求，分析计算工作往往是由自行开发的程序或插件处理的。

7.1.2 开放空间设计分析方法

可以说，聚落可视性分析的方法更多是随着工具进步而发展的，近期的研究热点主要是空间边界的封闭或开放（Stamps[⑤]，2005），以及可视范围内景观要素层次分布（Lin et al.[⑥]，2015）。如Weitkamp et al.[⑦]（2014）的研究中，特别关注了对可视区域的大小、最长的视线和距离、长度最接近的对象等关键因素的识别。此外，一些研究人员甚至提出基于三维场景，利用视域导向三维可视分析，来处理复杂的全景式开放空间的视觉效果

① Llobera M. Extending GIS-based visual analysis：the concept of visualscapes[J]. International Journal of Geographical Information Science，2003，17（1）：25-48.

② Stamps A E. Visual Permeability，Locomotive Permeability，Safety，and Enclosure[J]. Environment & Behavior，2005，37（5）：587-619.

③ Yang P J，Putra S Y，Li W. Viewsphere：A GIS-based 3D visibility analysis for urban design evaluation[J]. Environment & Planning B Planning & Design，2007，34（6）：971-992.

④ Yu L J，Pan Y. The Key Problem of Service-based Integration of 2D GIS and 3D Visuliation Technology and Its Solution[J]. Journal of Geo-Information Science，2011，13（1）：58-64.

⑤ Stamps A E. Isovists，enclosure，and permeability theory[J]. Environment & Planning B Planning & Design，2005，32（5）：735-762.

⑥ Lin T P，Lin H，Hu M Y. D Visibility Analysis in Urban Environment -Cognition Research Based on Vge[J]. 2013，II-2/W1：227-236.

⑦ Weitkamp G，Lammeren R V，Bregt A. Validation of isovist variables as predictors of perceived landscape openness[J]. Landscape & Urban Planning，2014，125（125）：140-145.

（Yang[①] et al，2007；Morello and Ratti[②]，2009；Chamberlain and Meitner[③]，2013），这些都是在2D时代所不敢想象的。主要空间可视性分析方法及其特征和代表案例见表7-2。

主要空间可视性分析方法及其特征和代表案例　　　　　　　　表7-2

分析方法 Analysis methods	主要特征 Main features	代表案例 Representative cases
概率可视性分析 Probabilistic visibility analysis	概率可视性分析是指在可视性分析影响因素不存在的前提下，可视性分析的不确定性主要由高程数据的不确定性引起。基于数字高程模型的不确定性模型可以计算概率可视域，但是其不确定性随着数据的错误而改变	Sansoni[④]，1996
累积可行性分析 Cumulative viewshed analysis	累积可视性分析是指计算多个观察点与目标区域的通视性，其输出结果中包含了观察点逐渐积聚的可视性信息，累积可视域表示当前视点被看到的次数	Montis and Caschili[⑤]，2015
模糊可行性分析 Fuzzy visual analysis	可视域的数值代表了该点在可视域中被看到的概论，该可视域图像由一系列的可能性指数构成，包括人类视觉的敏感程度、环境意向、目标和周围环境的物理性质等	Fisher[⑥]，1994 Anile[⑦]，2003 Ogburn[⑧]，2006

（笔者整理）

① Yang P J，Putra S Y，Li W. Viewsphere：A GIS-based 3D visibility analysis for urban design evaluation[J]. Environment & Planning B Planning & Design，2007，34（6）：971-992.

② Morello E，Ratti C. A digital image of the city：3D isovists in Lynch's urban analysis[J]. Environment & Planning B Planning & Design，2009，36（5）：837-853.

③ Chamberlain B C，Meitner M J. A route-based visibility analysis for landscape management[J]. Landscape & Urban Planning，2013，111（1）：13-24.

④ Sansoni C. Visual analysis：a new probabilistic technique to determine landscape visibility[J]. Computer Aided Design，1996，28（4）：289-299.

⑤ Montis A D，Caschili S. Nuraghes and landscape planning：Coupling viewshed with complex network analysis[J]. Landscape & Urban Planning，2012，105（3）：315-324.

⑥ Fisher PF Probable and fuzzy models of the viewshed operation[J]. Innovations in GIS，1994（1）：161–175.

⑦ Anilea M A，Furnoa P. A fuzzy approach to visibility maps creation over digital terrains[J]. Fuzzy Sets & Systems，2003，135（1）：63-80.

⑧ Ogburn D E. Assessing the level of visibility of cultural objects in past landscapes[J]. Journal of Archaeological Science，2006，33（3）：405-413.

在先前的研究中，景观要素的结构已经逐步代替了单纯的数量，开始作为最重要的研究对象和指标（张晓彤[①]，2010）。如一些学者研究了观察者在静止或移动中所感受到的可视性（Turner et al.[②]，2001）、边缘效应、透视性（Fisher-Gewirtzman and Pinsly[③]，2005；Stamps[④]，2005）。此外，在一些可视分析的相关研究中，学者开发了一些新的景观可视视域分析方法，如"可视景观视域分析（Visualscape Viewsheds）"（Llobera[⑤]，2003），"通过植被的视觉通透性（Visual Permeability through Vgetation）"（Dean[⑥]，1997），"视觉展现（Visual Eposure）"（Domingo Santos et al[⑦]，2011；Fisher-Gewirtzman et al.[⑧]，2011）、"模糊或概率的视域（Fuzzy or Probabilistic Viewsheds）"（Fisher[⑨]，1994），"累积可行性分析（Cumulative Viewshed Analysis）"（Wheatley[⑩]，2000）和"基于路由的视域"（Chamberlain and

① 张晓彤. 主客观结合的多功能农业景观评价研究[D]. 北京：中国农业大学，2010.

② Turner A，Doxa M，O'Sullivan D，et al. From isovists to visibility graphs：a methodology for the analysis of architectural space[J]. Environment & Planning B Planning & Design，2001，28（1）：103-121.

③ Fisher-Gewirtzman D，Pinsly D S，Wagner I A，et al. View-oriented three-dimensional visual analysis models for the urban environment[J]. Urban Design International，2005，10（1）：23-37.

④ Stamps A E. Visual Permeability，Locomotive Permeability，Safety，and Enclosure[J]. Environment & Behavior，2005，37（5）：587-619.

⑤ Llobera M. Extending GIS-based visual analysis：the concept of visualscapes[J]. International Journal of Geographical Information Science，2003，17（1）：25-48.

⑥ Dean D J. Improving the accuracy of forest viewsheds using triangulated networks and the visual permeability method[J]. Canadian Journal of Forest Research，1997，27（7）：969-977.

⑦ Domingo-Santos J M，Villarán R F D，Ígor Rapp-Arrarás，et al. The visual exposure in forest and rural landscapes：An algorithm and a GIS tool[J]. Landscape & Urban Planning，2011，101（1）：52-58.

⑧ Fisher-Gewirtzman D，Pinsly D S，Wagner I A，et al. View-oriented three-dimensional visual analysis models for the urban environment[J]. Urban Design International，2005，10（1）：23-37.

⑨ Fisher PF. Probable and fuzzy models of the viewshed operation[J]. Innovations in GIS，1994（1）：161–175.

⑩ Wheatley D W，Gillings M . Visual perception and GIS：developing enriched approaches to the study of archaeological visibility. IOS Press，2000.

Meitner[①]，2013），为空间设计和规划提供指导。

环境心理学的研究表明，天际线的曲折度和景观层次感是控制公共空间可视性最为重要的两个变量（Heat et al.[②]，2000）。首先，天际线的轮廓是由观测者视野中景观要素顶端的外轮廓线连接组成，是公共空间景观要素和与天空相遇的界线。一般认为，天际轮廓线的曲折度高，对观测者的认知愉悦感也较高（Stamps[③]，2005）。景观层次感是指观测者视野中，相对于观测者视线方向的景观要素界面所形成的不同层次。景观要素距观测者的距离不同，会形成不同层次的界面。相关实验也表明，景观层次较丰富，对天际线的认知愉悦感也较高。

本章案例研究探讨了利用自主研发的三维电子沙盘工具，使用天际线曲折度和景观层次结合的视域分析，对乡村聚落公共空间可视性进行定量分析，并应用到方案优化中的可行性。考虑长远意义，利用三维电子沙盘工具进行的可视化分析和视觉质量的计算可以激发聚落开放空间与视觉之间的定量分析的潜力，为环境评价提供适当的标准，并为制定未来的规划和设计合理地提供参考依据。

7.2 通过交互交往方法弥合学科间的理解差异

7.2.1 交往式规划中的跨学科合作

交往式规划（Transactive Planning）往往发生在相对理性的群体间（如

---

① Chamberlain B C，Meitner M J. A route-based visibility analysis for landscape management[J]. Landscape & Urban Planning，2013，111（1）：13-24.

② Heath T，Smith S G，Lim B. Tall Buildings and the Urban Skyline[J]. Environment & Behavior，2000，32（4）：541-556.

③ Stamps A E. Visual Permeability，Locomotive Permeability，Safety，and Enclosure[J]. Environment & Behavior，2005，37（5）：587-619.

不同学科的学者）（Friedmann[①]，1973；张凤荣[②]，2018）；其矛盾的核心出发点多源于自身知识结构和背景不同而产生的差异性观点，不仅仅是自身利益诉求；因此，交往式规划的核心难点在于多方所需信息的差异性，以及表达形式的可接受度；应用提升能够满足各方信息接收和表达需求，使各方产生共鸣并获得相对一致理解的信息工具是提高交往式规划的关键技术瓶颈（Nguyen et al.[③]，2016）。

相较于传统规划，随着多学科技术在规划细分领域的应用被逐步接受，交往式规划过程中，规划师早已不是唯一的专业人员。除了作为城乡规划学的专业代言人外，其还应以协调人的身份协调专业与非专业人士以及不同学科专业人士之间的信息交往，从而使他们通过有效的交往解决规划问题（Cullotta et al.[④]，2011；Barbera and Cullotta[⑤]，2012）。

交往式规划过程中集体参与者有意识地、持续地互动，并在营造真诚和适宜交往条件的过程中，实现互相学习（Hiedanpää[⑥]，2002）。交往式规划有助于各利益相关者间的相互理解，有益于交叉学科的合作、共享。其强调行为标准的一致性，避免了理性规划理论中，由于不同的理念形成差异化的认识，导致追求不同的方法和不同的结果。交往式规划是多学科间

---

① Friedmann J. Retracking America: A Theory of Transactive Planning[J]. Parasite Immunology, 1973, 29（2）: 93-100.

② 张凤荣. 多学科多尺度的村庄发展规划研究——《生态理念下的村庄发展与规划研究》书评[J]. 地理与地理信息科学, 2018（1）: 31-31.

③ Nguyen D, Imamura F, Iuchi K. Disaster Management in Coastal Tourism Destinations: The Case for Transactive Planning and Social Learning[J]. International Review for Spatial Planning & Sustainable Development, 2016, 4（2）: 3-17.

④ Cullotta S, Barbera G, Inventory L, et al. Mapping traditional cultural landscapes in the Mediterranean area using a combined multidisciplinary approach: Method and application to Mount Etna（Sicily; Italy）[J]. Landscape & Urban Planning, 2011, 100（1）: 98-108.

⑤ Barbera G, Cullotta S. An Inventory Approach to the Assessment of Main Traditional Landscapes in Sicily（Central Mediterranean Basin）[J]. Landscape Research, 2012, 37（5）: 539-569.

⑥ Hiedanpää J. European-wide conservation versus local well-being: the reception of the Natura 2000 Reserve Network in Karvia, SW-Finland[J]. Landscape & Urban Planning, 2002, 61（2）: 113-123.

寻求互动的过程，参与到这个过程中的学科必然有各自关注的特定目标和兴趣点，通过不断地提供规划条件和理解其他学科的诉求而寻找共同的或妥协的目标（Brown et al.[①]，1999）。

7.2.2 利用图形语言促成共同理解

跨学科规划是现代空间规划的一个重要组成部分，它允许系统地结合不同学科处理所有元素。跨学科规划团队能够从多个方面考虑空间和知识，从而在实践中提高空间规划在开发和实施中的质量。不同的专业和学科间共同工作，常见的问题是不同的专业学科所使用的概念、语言不同，或同一关键词在不同学科具有不同的概念和范围，从而造成理解上的偏差（Johnson et al.[②]，2001）。在乡村景观规划优化提升过程中，由于规划参与者通常来自地理、人文、建筑、大地测量、生物和林业等不同的专业，如何弥合学科理解差异是交往式规划需要解决的一个重要问题（Hall and Beissinger[③]，2014）。

图形语言是不同学科间能够无偏差理解的基本语言。因此，借助参与式地理信息系统、三维可视化技术，计算机辅助设计（CAD）等技术（如Emmelin[④]，1996；Palang et al.[⑤]，2000；Wollenberg et al.[⑥]，2000；Tress and

---

① Brown P M，Kaufmann M R，Shepperd W D. Long-term，landscape patterns of past fire events in a montane ponderosa pine forest of central Colorado[J]. Landscape Ecology，1999，14（6）：513-532.

② Johnson G D，Myers W L，Patil G P，et al. Characterizing watershed-delineated landscapes in Pennsylvania using conditional entropy profiles[J]. Landscape Ecology，2001，16（7）：597-610.

③ Hall L A，Beissinger S R. A practical toolbox for design and analysis of landscape genetics studies[J]. Landscape Ecology，2014，29（9）：1487-1504.

④ Emmelin L. Landscape impact analysis：a systematic approach to landscape impacts of policy[J]. Landscape Research，1996，21（1）：13-35.

⑤ Palang H，Alumäe H，Ülo Mander. Holistic aspects in landscape development：a scenario approach[J]. Landscape & Urban Planning，2000，50（1）：85-94.

⑥ Wollenberg E，Edmunds D，Buck L. Using scenarios to make decisions about the future：anticipatory learning for the adaptive co-management of community forests[J]. Landscape & Urban Planning，2000，47（1）：65-77.

Tress[1]，2003；Wang et al.[2]，2008；张晓彤等[3]，2010)，交往式规划中，不同学科的参与者以图形的形式表达自己的观点，可有效降低学科理解差异。协作式规划过程中使用情景模拟技术、科学分析工具（如空间分析工具），应用不同学科的科学模型对同一规划目标进行科学分析及评价，生成不同情景模式下的规划场景，可发挥多学科优势，并能减少不同学科理解误差（如 Weinstoerffer and Girardin[4]，2000；Tress and Tress[5]，2003；Yu et al.[6]，2016)。通过集成建模的方法，将不同学科领域的模型进行耦合，从而实现复杂的系统建模，促进不同学科领域的利益相关者的参与。

7.3 研究方法

本案例研究选取多个围绕同一开放空间的观测点对开放空间进行观测，观测点至视域内最远建筑物的距离、观测点至视域内最远环境要素的距离，以及视域展开角度等信息将被记录。

开放空间可视性分析图如图7-1所示。"三维电子沙盘"将由近至远，分为10个等距投影面，分别识别各观测点至视域内最远建筑要素，以及

① Tress B，Tress G. Scenario visualisation for participatory landscape planning—a study from Denmark[J]. Landscape & Urban Planning，2003，64（3）：161-178.

② Wang X J，Yu Z，Cinderby S，et al. Enhancing participation：Experiences of participatory geographic information systems in Shanxi province，China[J]. Applied Geography，2008，28（2）：96-109.

③ 张晓彤，宇振荣，王晓军，等. 场景可视化在乡村景观评价中的应用[J]. 生态学报，2010，30（7）：1699-1705.

④ Weinstoerffer J.，Girardin P. Assessment of the contribution of land use pattern and Intensity to landscape quality：Use of a landscape Indicator[J]. Ecological Modelling，2000，130：95-109.

⑤ Tress B.，Tress G. Scenario visualisation for participatory landscape planning-A study from Denmark[J]. Landscape & Urban Planning，2003，64：161-178.

⑥ Yu S，Yu B，Wei S，et al. View-based greenery：A three-dimensional assessment of city buildings' green visibility using Floor Green View Index[J]. Landscape & Urban Planning，2016，152：13-26.

至视域内最远环境要素间天际线投影面出现的频率，以表征景观的分布层次；此外还将分别识别建筑、环境两个尺度范围内的天际线形状，以表征从观测点观测到中景、远景的天际线曲折度。

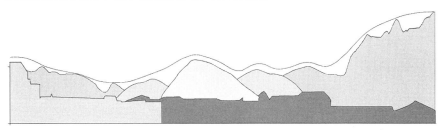

图7-1　开放空间可视性分析示意

（笔者绘制）

"三维电子沙盘"天际线分析工具如图7-2所示。分析结果输出包括三个统计图，最左边统计图为天际线边界与观测点相对坐标（平面坐标）。中间统计图为观测点120度视域内天际线高度曲线。右边统计图为不同距离下的天际线下地表景观投影占整个视域投影的面积比。因此，天际线景观层次可由右边统计图获得。

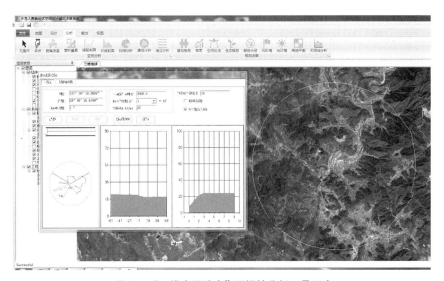

图7-2　"三维电子沙盘"可视性分析工具示意

（笔者制作并截图）

研究邀请了当地城建管理者，以及建筑、风景园林、生态、城市发展规划等专业人士，根据现场研究、图像辨析以及可视性数据分析，提出对此开放空间的优化建议，并获取第一次优化方案。该方案在"三维电子沙盘"环境下产出的可视性指标数据，将与现状数据进行对比。在协同考虑三个观测点数据变化异同的原则下，再次对方案进行优化调整，获得对此开放空间的第二次优化方案，以支持对该开放空间的规划设计。

7.4 案例研究

7.4.1 研究区概况

　　研究区域位于浙江省奉化区西南部，距市区29公里，东北邻尚田镇，南与宁海县深圳镇交界，西南与新昌县沙溪镇、巧英乡接壤，西北连溪口镇。大堰镇属全山区乡镇，区域面积129.5平方公里，现有大堰、董家、箭岭等40个行政村，1个居委会。除县溪及其支流柏溪、万竹溪两岸有小面积平原外，其余都是连绵起伏的山冈。与尚田镇交界的烂漫地山，主峰高711米。大公岙村与宁海分界处的第一尖海拔945米，为奉化第一峰，奉化江就发源于此。县江北向入横山水库。尚董公路穿越全境，有支线通万竹、徐马站、柏坑，在畈坑有接通宁海县大蔡支线。大堰镇位置示意图如图7-3所示。

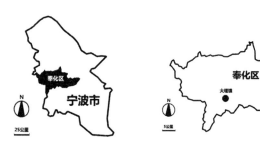

图7-3　大堰镇位置示意图

（笔者绘制）

本案例研究所涉及的镇建成区，由县江两岸的后畈村和大堰村两个居民点组成，介于29°29′59″～29°30′41″N、121°17′55″～121°18′50″E，面积约0.29平方公里。历史上，县江、中保庙水库及西部山体汇流的水系穿插经过镇区所在地。防洪需求客观上也加强了较大规模和数量开放空间的自然形成。但随着20世纪七八十年代现代水利设施的逐步介入，对县江的人工调节能力日益增强，河道也被大大压缩；大堰墩功能被取代，如今只剩遗址；原作为临时汇水地的开放空间和渠网多数已改为建设用地，仅保留很少部分的临时建筑和耕地；两个居民点的明渠由于生产、生活功能的弱化也多改为了暗渠。图7-4为恢复大堰镇开放空间历史景观生长路径交互过程。

图7-4　恢复大堰镇开放空间历史景观生长路径交互过程示意

（笔者拍摄）

从历史角度来看，空间发展从两个居民点向中心延伸在一定阶段解决了大堰镇的建设用地需求。但随着第二产业的退出以及对休闲旅游产业的预期，镇区自然水体的减少和过去在具有灾害威胁开放空间上的建设开发，开放空间数量和规模大大缩小。大堰镇区建筑/开放空间变化的对比如图7-5所示。

此外，由于引入产业的不规范和对景观风貌控制的不到位，使得新建建筑在形态、体量、质量等方面都存在与镇区整体风貌不协调的问题。仅存的几处开放空间可视性亟待得到有效控制。

20世纪70年代以前   现状

图7-5 大堰镇区建筑/开放空间变化对比

（笔者绘制）

7.4.2 分析基底生成

本案例研究基于"三维电子沙盘"工具，以当前的遥感图像作为底图，在三维环境中以交互式方法快速构建了研究区内的三维景观要素，包括道路网络，河流等点、线状景观要素（图7-6）。在建筑模型方面，基于工具自带模型以及Sketch UP软件补充模型工具复原了研究区域内的全部建筑，通过拖拽的方式，将建立的建筑物模板拖动到指定位置，快速构建了研究区内的三维场景。采用多面体加要素类构建了现有、在建及规划中

图7-6 大堰镇电子沙盘鸟瞰示意

（笔者制作并截图）

的建筑群模型地表模型和多面体建筑模型，形成了统一的虚拟环境，用于后续的可视性分析。

7.4.3 开放空间及观测点选择

本案例研究选取县江以东，大登路、大名路和尚界线围合的三角形地块为例。现状地块中心为以耕地、苗圃为主的开放空间；北侧为临大名路2～3层的新建住宅；西侧经大登路面对县江；东侧南侧多为1层传统民居，随地形增高自然分布；其中东北角有一处经铺装的开敞空间可通向大名路，现作为临时停车场使用；东南侧有一处教堂，体型与周边建筑明显不一。

依据国家住宅与居住环境工程技术研究中心2017年对大堰镇区环境综合整治需求的梳理和重要节点分布的分析，针对本案例研究所选择的开放空间，选择了三个位置点作为可视性分析的观测点。观测点1位于大名路向此开放空间的出口，向南偏西方向进行观测；观测点2位于县江西岸，隔县江向东进行观测；位置3位于中心开放空间东侧宅前路，向北进行观测。各观测点视域实景照片、模型展现、观测点至视域内最远建筑物的距离、观测点至视域内最远环境要素的距离，以及视域展开的角度等信息如图7-7和表7-3所示。

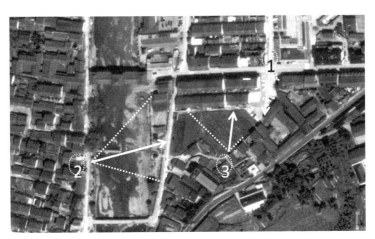

图7-7　大堰镇开放空间及观察点选择示意

（笔者绘制）

大堰镇开放空间观测信息示意　　　　　　表7-3

分析内容 Analysis Contents	观测点1 Observation point 1	观测点2 Observation point 2	观测点3 Observation point 3
实景照片 Photos			
模型展现 Models			
可视景观距离（建筑） Visual landscape distance（Buildings）	150m	200m	100m
可视景观距离（环境） Visual landscape distance（environment）	1000m	1000m	1000m
视域角度 Angle of view	120°	60°	120°

（笔者制作并整理）

7.4.4 可视性分析

7.4.4.1 观察点1的可视性分析

　　天际线分析显示，自然景观天际线由于左侧高山的影响，左侧出现了一个高峰，天际线起伏较大，但总体自然过渡。建筑物天际线起伏较大，显凌乱，且建筑物景观占据一半以上的视野面积。景观天际线与建筑物天际线叠加后发现，最终天际线主要以建筑物边界为主，自然景观被建筑物遮挡严重，天际线比较凌乱。特别是右侧高楼（教堂）严重遮挡了自然景观，使最终天际线呈现双峰状。天际线占视野面积过大。具体见表7-4。

表 7-4

通过各观测点分析大堰镇开放空间可视性数据

观测点 Observation points		观测点 1 Observation point 1	观测点 2 Observation point 2	观测点 3 Observation point 3
天际线 Skyline	可视景观距离（建筑） Visual landscape distance （Buildings）			
	可视景观距离（环境） Visual landscape distance （environment）			
景观层次 Landscape level	可视景观距离（建筑） Visual landscape distance （Buildings）			
	可视景观距离（环境） Visual landscape distance （environment）			

（笔者制作并整理）

景观层次分析结果显示，不考虑建筑物影响，自然景观层次从观测点开始，基本到900米左右呈45度曲线增长，说明自然环境景观层次比较分明。建筑物景观层次分析结果显示，从观测点开始景观层次曲线迅速增长，到70米距离时达到最大值，说明建筑物景观出现距离过近，且没有层次感。将建筑景观层次与环境景观层次叠加后结果显示，总体景观层次曲线从观察点开始迅速增大，到300米左右达到最大值，说明建筑物景观极大地改变了原有自然景观层次，使得景观层次减少，过早达到最大值。

总体上来说，建筑物景观严重影响了自然景观天际线，使得天际线占视野面积过大，天际线层次变化过快，层次减少。特别是右侧高楼（教堂）对天际线影响严重，使得天际线右侧出现另外一个高峰。

7.4.4.2 观察点2的可视性分析

天际线分析：建筑物天际线与自然景观天际线曲线呈平滑自然过渡。建筑物景观天际线较低。景观天际线与建筑物天际线叠加后发现，建筑物并未对自然景观遮挡，最终天际线主要以自然景观天际线边界为主。

景观层次分析结果显示：不考虑建筑物影响，自然景观层次从观测点开始，基本到3000米左右缓慢增长，且出现了三个小波峰，说明自然环境景观层次比较分明。建筑物景观层次分析结果显示，从观测点开始建筑物景观层次曲线迅速增长，到200米距离时达到最大值，说明建筑物景观出现距离过近，且没有层次感。将建筑景观层次与环境景观层次叠加后结果显示，总体景观层次曲线从观察点到200米开始迅速增大，200米到3000米景观层次变化不多，说明建筑物对200以内的景观层次变化影响较大，因此，建筑物景观对整个景观层次影响范围有限，但使得景观层次过渡不够平滑。

总体上来说，观察点建筑物景观对自然景观天际线影响不大，最终天际线以自然景观天际线为主。但建筑物景观对景观层次有一定影响，使景观层次在200米范围内增长迅速，影响天际线平滑过渡。

7.4.4.3 观察点3的可视性分析

天际线分析结果显示，自然景观天际线曲线呈平滑自然过渡。建筑物天际线较低，起伏不大。景观天际线与建筑物天际线叠加后显示，建筑物对自然景观遮挡不大，最终天际线主要以自然景观天际线边界为主，仅在右侧建筑物对自然景观天际线有所遮挡。

景观层次分析结果显示，不考虑建筑物影响，自然景观层次从观测点开始，基本到3000米左右缓慢增长，且出现了三个小波峰，说明自然环境景观层次比较分明。建筑物景观层次分析结果显示，从观测点开始到50米左右，呈缓慢增长，20米到80米迅速增长。建筑物景观层次可分为20米和80米左右两个层次。自然景观在800米内平滑增长，800米到1200米呈现迅速增长趋势。将建筑景观层次与环境景观层次叠加后结果显示，总体景观层次曲线从观察点到350米开始迅速增大，350米到1200米景观层次变化缓慢，说明建筑物对350米以内的景观层次变化影响较大。因此，建筑物景观对整个景观层次影响范围有限，但使得景观层次过渡不够平滑。

总体上来说，观察点建筑物景观对自然景观天际线影响不大，最终天际线以自然景观天际线为主。但建筑物景观对景观层次有一定影响，使景观层次在350米范围内增长迅速，影响天际线平滑过渡。

7.4.5 优化调整

根据对选定的三个观察点的可视性分析结果和现场考察印象，不同专业参与者给出了对现状的评价，并提出了优化策略（表7-5）。

不同学科参与者对大堰镇开放空间现状评价　　　　　表7-5

不同学科参与者 Different participants	现状评价 Optimization suggestions
鲁××，建筑学， 高级建筑师	向南看，教堂过于突兀，设置中景视觉焦点，最好依据地形形成制高点，丰富轮廓；西向东看，前景临建，亭子在视觉通廊上，且形体不美观，大名路南侧建筑过于平整，缺少变化；右侧教堂过于吸睛；向北看，视觉通廊缺少主景，仅有背景
任××，风景园林学，副研究员	向南看，没有层次，视觉焦点不明确，教堂体量太大，挡住了远景，增加前景内容；阳光房风格不搭；大名路中景太平整，教堂轮廓线与山体和整体轮廓线冲突；向北看，建筑/山体天际线接近平行；远端临时建筑有碍视觉感受。布局太规整，景观层次单薄

不同学科参与者 Different participants	现状评价 Optimization suggestions
张××，生态学， 副研究员	从西向东看视觉通廊少，且不畅通；背景建筑有起伏，但前景遮挡较严重；向北侧看，左侧过于规整

（笔者整理）

第一轮优化策略的要点主要包括：

首先，公共空间南侧的大体量教堂，根据实际使用需求，改为小体量教堂，减小长度；其次，公共空间北侧长排二层住宅，局部增加为三层。

在此要求下完成了第一轮优化调整，如表7-6所示。

大堰镇开放空间第一次方案优化结果   表7-6

观测点 Observation points	现状 Present situation	第一次优化方案 First optimization scheme
观测点1 Observation Point 1		
观测点2 Observation point 2		
观测点3 Observation point 3		

（笔者制作并整理）

第一次方案优化数据对比见表7-7。优化后观测点1在180°～200°范围内天际线投影的视域遮挡变窄；200°～220°范围内视觉遮挡突兀感降低；观测点2在50°～67°范围内天际线投影突变减小；100°～107°范围

基于景观媒介的交互式乡村规划方法及其实证研究

表 7-7

大堰镇开放空间第一次方案优化数据比对

观测点 Observation points		观测点 1 Observation point 1	观测点 2 Observation point 2	观测点 3 Observation point 3
天际线 Skyline	可视景观距离（建筑） Visual landscape distance（Buildings）			
	可视景观距离（环境） Visual landscape distance（environment）			
景观层次 Landscape level	可视景观距离（建筑） Visual landscape distance（Buildings）			
	可视景观距离（环境） Visual landscape distance（environment）			

（笔者制作并整理）

内，视域遮挡消失；观测点3在-31°～35°范围内天际线投影线凹凸增加；52°～70°范围内，天际线投影面积减小。

7.4.6 校核验证

据第一轮调整优化后的结果：

观测点1在180°～195°范围内的天际线有较大的突变，实际环境中有1栋三层住宅，其对观测点1的天际线影响因子较大，应进一步进行优化。

观测点2在76°～86°范围内的天际线出现间断，实际环境中为1栋长度较大的1层住宅，景观单调，应进行进一步优化使天际线连续并富有变化。

第二轮优化调整的主要内容包括：观测点1的东南侧三层建筑局部降低为两层，目标场地西南侧的长条形单层建筑由一层局部增加为两层。方案优化后的结果和数据对比见表7-8、表7-9。

大堰镇开放空间第二次方案优化结果　　　　　表7-8

观测点 Observation points	现状 Present situation	第二次优化方案 Second optimization scheme
观测点1 Observation point 1		
观测点2 Observation point2		
观测点3 Observation point3		

（笔者制作并整理）

表7-9

大堰镇开放空间第二次方案优化数据比对

观测点 Observation points		观测点 1 Observation point 1	观测点 2 Observation point 2	观测点 3 Observation point 3
天际线 Skyline	可视景观距离（建筑） Visual landscape distance (Buildings)			
	可视景观距离（环境） Visual landscape distance (environment)			
景观层次 Landscape level	可视景观距离（建筑） Visual landscape distance (Buildings)			
	可视景观距离（环境） Visual landscape distance (environment)			

（笔者制作并整理）

可以发现，优化后观测点1在180°～200°范围内天际线投影的视域遮挡变得更窄；观测点2在76°～86°范围内天际线投影变化更加均匀。

总体来看，经过两轮优化调整，在观测点1观察，目标场地南侧教堂体量的减小，使天际线变化较优化前均匀，且视域遮挡减小，使得景观层次变得丰富；在观测点2观察，目标场地西南、西北角的两栋建筑高度进行了局部调整，使得天际线均匀且连续，景观层次更加丰富；在观测点3观察，目标场地北侧的2层长排住宅局部变为3层，使得原本平直呆板的天际线出现了变化。

7.4.7 规划应对

根据前述的可视化分析结果，研究团队进行了针对性的优化，具体优化措施及效果见表7-10。

大堰镇开放空间优化规划应对示意　　　　　　表7-10

视点 Viewpoint	现状 Present situation	第一次优化措施及效果 Measures and Effects of 1st Optimization	第二次优化措施及效果 Measures and Effects of 2nd Optimization
视点1	 天际线以建筑物边界为主，自然山体景观被严重遮挡； 建筑物天际线起伏较大，且显凌乱； 建筑物景观占据一半以上的视野面积且距离近，景观缺乏层次感	 措施：对目标场地南侧的教堂，根据实际使用需求，减小建筑体量； 效果：对自然山体的遮挡减少，建筑物占据的视野面积比例有所降低。然而东南侧三层住宅突显，影响天际线平滑过渡	 措施：目标场地东南侧三层建筑局部降低为两层； 效果：天际线变化较优化前均匀，且视域遮挡减小，使得景观层次变得丰富

基于景观媒介的交互式乡村规划方法及其实证研究

视点 Viewpoint	现状 Present situation	第一次优化措施及效果 Measures and Effects of 1st Optimization	第二次优化措施及效果 Measures and Effects of 2nd Optimization
视点2	 目标场地南侧教堂体量过大，影响天际线平滑过渡	 措施：同上，减小教堂体量，使天际线平滑过渡； 效果：天际线过渡平滑，然而教堂降低高度后，目标场地西南侧建筑轮廓变化较小，景观层次缺少变化	 措施：目标场地西南侧长条形单层建筑局部增加为两层； 效果：天际线均匀且连续，景观层次更加丰富
视点3	 目标场地北侧建筑轮廓线过于平直呆板，影响天际线平滑过渡	 措施：目标场地北侧长排二层住宅局部增加为三层； 效果：原本平直呆板的天际线出现了变化，景观层次更加丰富	

（笔者整理）

　　景观细节设计、优化处理过程中的交互，通常发生在相对理性的群体，如不同学科学者间。其矛盾的核心出发点多源于自身知识结构和背景不同而产生差异性观点，核心难点在于多方所需信息的差异性，以及对表达形式的可接受度。研究证明，可以通过交互交往，应用提升能够满足各方信息接收和表达需求，在各方产生共鸣并获得相对一致理解的信息工具，将各学科对于景观的主观判断和提升方案实时反映在虚拟模型中，并实时获取不同学科都可以理解和认可的数据及场景，从而协助规划师、建筑师和其他专家在一个可以共同认知的信息媒介中，不断地融合和纠正自己的判断，进而更好地针对其形态变化进行互动学习。

本章案例研究在"三维电子沙盘"环境下，以乡村开放空间作为跨学科优化提升的案例对象，以天际线曲折度、景观层次作为定量描述聚落开放空间可视性的示例指标，为三维可视性分析和视觉质量的定量计算提供了可行性，实验了在多学科间和共同理解的媒介平台下实现公平、自如的交互交往，以促成包容、科学且互相理解的景观优化方案。

第 8 章

结论与展望

8.1 结论

本研究通过对交互式规划的基本观点、细分理论特征及其发展方向的分析梳理，总结出了以"景观"作为媒介的交互式方法在提供共同但有区别的理想语境、差异化地选择交互媒介、多样化地提供主体与客体间交互形式等方面的发展方向；凝练出了交互式乡村规划的流程以及对于不同阶段交互主体、交互方式和交互技术的选择依据。

研究针对当地居民、地方政府、专家学者等利益相关者在乡村规划的状态分析、问题辨识、矛盾解决和优化处理的步骤中，对于迅速凝练过程信息、辨识和归纳多方观点、协调规划矛盾冲突、弥合学科间理解差异等需求，分别通过交互参与、交互协作、交互协商和交互交往方法，结合情景可视化技术、参与式评估技术、空间句法应用技术、扎根理论应用技术、景观特征评估技术等适用技术，形成以案例形式表达的基于多方参与的交互式乡村景观规划设计方法体系。通过研究，可以得到以下基本结论。

8.1.1 媒介范围拓展、功能提升为交互式规划带来了新机遇

在规划过程中，相互理解是交互行动的核心，而"媒介"是行动者各方理解相互状态和行动计划的工具。两个或多个人之间要进行有效的交流与交互，需要满足交互"理想语境"有效性的要求。交互行动之所以成为可能，通常是以语言作为媒介，将对话者隐藏的意义做一个假设性的重建，进而形成一种共识。在信息交互技术达到一定功能可能性后，"理想语境"就已突破了以语言媒介为代表的限制。因而交互式规划有别于传统参与式规划的关键要素是，其更为强调在规划过程中，不同利益相关者及其中间媒介间的即时信息交互、理解与迭代。本研究将交互式规划从理论

论述具象、细化为实际操作中可应用的方法、技术体系，从而实现基于规划不同阶段目的差异性的考虑，在不同的规划阶段差异化地选择参与者类型、沟通环境和方式、规划信息和适用技术。

8.1.2 细化的交互式方法可以为乡村规划提供有效工具

"景观"自身就是一个"交互"过程中的良好媒介，可以使那些不可视的、不能被广泛理解的信息通过可视的、可以被判断的要素、特征或符号媒介，形成沟通行动中的"理想语境"。在通过景观这个媒介对乡村进行规划的各个阶段，每一个细分环节所需要参与的主体和可能会遇到的问题、困难是不一样的。而且在交互式乡村规划的不同阶段中，某一种交互的方式及其所使用的方法和工具，必须在一定的环境下、针对特定利益相关者才是适合的。在组织任何形式的交互式规划过程前，必须花时间去分析和计划采用的方法。各规划阶段中的交互存在一定的自然交叉和相互联系，导致交互过程中可能出现复杂性和不确定性。这也决定了交互式乡村景观规划必须强调系统性、多样性、综合性和全面性的乡村规划目标，并针对不同的规划目的采取不同的规划方法。

8.1.3 交互参与方法可有效提升乡村发展信息获取效率

在状态分析阶段，主要交互主体来自于当地居民内部。而提供信息的村民在参与过程中经常会出现思维和提供信息过于发散的情形，使得规划者大部分的时间都用在没有效率的对话和交流上。研究证明，利用参与交互的方式，结合情景可视化和模型构建等技术，村民更容易有针对性地对景观状态进行描述，使规划师可以快速收集和分析发散而逻辑性不强的景观信息，并迅速凝练为过程信息并实时与参与者可视化分享。这一方法使参与过程更为直观而通畅，可实时达成共识，即时固化参与交互成果，有助于提高面对面交流的效率，实现"实时化"的参与交互过程，使规划过程中的参与质量大大提高。

8.1.4 交互协作方法可综合关联协作者对于乡村发展的判断

参与问题辨识的协作者可能是整个规划过程中，最为广泛的群体，甚至包括一些非直接利益相关群体。因此需要面对可能超出生活圈的复杂、动态问题，因此如何展示不同利益相关者对于地方可持续发展问题和目标的关注逻辑，将各方协作者对于关键问题的判断结果公正、包容地进行关联体现，是这一阶段的重点。研究证明，在景观特征评估框架下，采用定性信息标准化和可视化技术，可有效地对这些不同类型的信息进行整合、提炼和深度分析，更可为地方提供具备操作性、严谨性和清晰性的可持续发展能力判断、评估工具，使其有能力进行复制推广。

8.1.5 交互协商方法可为博弈参与方探索解决方案提供辅助

在解决矛盾冲突的核心阶段，针对明确规划对象，从不同的角度出发，利益相关方间经常会产生难于协调的问题，这些焦点矛盾往往同时涉及情、理、法。研究证明，通过协商式交互，将矛盾冲突中自然属性、社会属性等要素的分析结果，实时介入到各方对于公共空间选址的交互协商过程中，为不同利益相关者提出的方案提供一个科学分析数据、及时更新边界条件的即时媒介，在规划过程中实时体现出对规划目标的理性分析和法律边界，使协商内容保持在合理合法的框架内，可以为各方在博弈中探索共同可能的解决方案提供辅助。

8.1.6 交互交往方法可弥合不同学科间对于景观的认知差异

景观的细节设计、优化处理过程中的交互，通常发生在相对理性的群体中，如不同学科学者间。其矛盾的核心出发点多源于自身知识结构和背景不同而产生的差异性观点，核心难点在于多方所需信息的差异性，以及对表达形式的可接受度。研究证明，可以通过交互交往，应用提升能够满足各方信息接收和表达需求，使各方产生共鸣并获得相对一致理解的信息工具，可将各学科对于景观的主观判断和提升方案实时地反映在虚拟模型中，并实时获取不同学科都可以理解和认可的数据及场景，从而协助规划师、建筑师和其他专家在一个可以共同认知的信息媒介中，不断地融合和纠正自己的判断，进而更好地针对其形态变化进行互动学习。

8.2 展望

将交互式方法结合到乡村景观规划和研究中，已成为国际趋势。一方面，交互式的乡村景观规划需要在状态分析、问题辨识、矛盾解决、优化提升等步骤中寻求合理的技术方案。这就决定了通过以"景观"为媒介的交互式方法进行乡村研究是一项跨越自然与人文等学科的综合研究。本研究在这方面所做的理论和方法论探索对这一庞大而复杂的研究题目来说还非常有限，但其方法的探索和案例的成果甚至研究中不完善的地方都会激励本人和更多的研究者加入到今后更深入的研究当中。

8.2.1 "景观"将会为乡村可持续发展的管理决策提供依据

"景观"研究应该更多地被理解为一个为乡村可持续发展提供管理决策依据的方法框架，通过使那些不可视的、不能被广泛理解的信息转化为可视的、可以被判断的要素、特征与符号，来实现对于可持续发展问题的交互讨论。景观方法可被定义为通过实施适应性的综合管理系统，整合多个竞争性土地使用的政策和实践的框架，通过多方面、长期和协作的过程，将来自多个部门的多个利益相关者聚集在一起，共同提供解决方案的途径。可持续发展目标的实现本质上与每个人的行动与福祉息息相关，需要跨学科的合作与所有人的共同协作。而景观方法框架和可持续发展目标之间的重叠是显而易见的；景观方法的潜在价值也是一个实施框架，可以用于解决可持续发展目标内部和之间的多个目标。而交互式规划通过促进规划中农民的参与，能够更翔实有效地将地方具体情况和特色融入乡村规划，为解决我国目前的乡村规划提供进阶的工具手段。

8.2.2 交互式方法可为地方发展规划提供一个系统研究工具

交互式规划理论、方法和适用技术给以景观管理为表征的地方的可持续性研究提供了一个可触及的系统框架。景观由于其可视、可感、可享以及可度量性，可以作为一个平台，使不同的学科和领域的人员结合到一起来探索共同的可持续性策略。这个特征可以使得大多数人群，包括不具备专业知识的人群，去发现可能的关于景观的共同兴趣点。交互将人与人、人与景观捆绑在了一起，推进了人与人之间互相理解、修正观点、产生共识。但是在现实世界中创造一个有针对性的地方发展解决方案，太多的观点似乎并不总是那么有帮助。交互式的规划可以被看作是一种在科学（学习）和实践（规划）之间的跨界概念。在未来，建立乡村规划与评估一体化方法，更加模糊学习交流和规划实践在流程上的明确边界，使各方参与者以更加便捷、直观的方式完全融入乡村规划从历史追溯、需求分析、数据收集、方案优化到方案评审的全过程，即可为当地发展规划提供一个更具可行性的系统研究工具。

8.2.3 更多领域的专门技术将融入乡村交互式规划的研究中

以景观作为研究对象和交互媒介，利用交互式的方法研究不同利益相关者对乡村景观的需求，直接关系到政府决策部门对乡村资源的管理。维护乡村景观多样功能的协调发展需要得到当地居民、政府和专业人士等利益群体的认同和协助，因为不太可能期望因为景观修复和管理调整而被动失去经济利益，甚至社会保障的当地居民会为乡村景观的发展作出贡献。但现阶段的研究多停留在各个独立的学科，应当引入社会学、经济学、生态学、文化学以及统计学的专门技术进行综合研究，更加合理地理解多方对乡村景观的需求并寻求解决方法。

参考文献

[1] Adams D. Extending educational planning discourse: A new strategic planning model[J]. Asia Pacific Education Review, 2000, 1(1): 31-45.

[2] Adjiashvili D, Rotbart N. Labeling Schemes for Bounded Degree Graphs[J]. Lecture Notes in Computer Science, 2014, 8573: 375-386.

[3] Afzalan N. Planning with Complexity: An Introduction to Collaborative Rationality for Public Policy by Judith E. Innes and David E. Booher[J]. Science & Public Policy, 2013, 40(6): 821-822.

[4] Albert C, Zimmermann T, Knieling J, et al. Social learning can benefit decision-making in landscape planning: Gartow case study on climate change adaptation, Elbe valley biosphere reserve[J]. Landscape & Urban Planning, 2012, 105(4): 347-360.

[5] Al-Kodmany K. Using visualization techniques for enhancing public participation in planning and design: process, implementation, and evaluation[J]. Landscape & Urban Planning, 1999, 45(1): 37-45.

[6] Allmendinger P. Towards a Post-Positivist Typology of Planning Theory[J]. Planning Theory, 2002, 1(1): 77-99.

[7] Amdam R. Empowerment planning in local communities: Some experiences from combining communicative and instrumental rationality in local planning in Norway[J]. International Planning Studies, 1997, 2(3): 329-345.

[8] Amer M, Daim T U, Jetter A. A review of scenario planning[J].

Futures, 2013, 46(2): 23-40.

[9] Andersen D F, Richardson G P. Scripts for group model building[J]. System Dynamics Review, 2015, 13(2): 107-129.

[10] Anderson N M, Ford R M, Williams K J H. Contested beliefs about land-use are associated with divergent representations of a rural landscape as place[J]. Landscape & Urban Planning, 2017, 157: 75-89.

[11] Andrienko G, Andrienko N, Jankowski P, et al. Geovisual analytics for spatial decision support: Setting the research agenda[J]. International Journal of Geographical Information Science, 2007, 21(8): 839-857.

[12] Anilea M A, Furnoa P. A fuzzy approach to visibility maps creation over digital terrains[J]. Fuzzy Sets & Systems, 2003, 135(1): 63-80.

[13] Antrop M, Brandt J. Changing patterns in the urbanized countryside of Western Europe[J]. Landscape Ecology, 2000, 15(3): 257-270.

[14] Antrop M. Landscape change: Plan or chaos?[J]. Landscape & Urban Planning, 1998, 41(3-4): 155-161.

[15] Appleton K, Lovett A. GIS-based visualisation of development proposals: Reactions from planning and related professionals[J]. Computers, Environment and Urban Systems, 2005, 29(3): 321-339.

[16] Appleton K, Lovett A. GIS-based visualisation of rural landscapes: defining 'sufficient' realism for environmental decision-making[J]. Landscape & Urban Planning, 2003, 65(3): 117-131.

[17] Arler F. Landscape Democracy in a Globalizing World: The Case of Tange Lake[J]. Landscape Research, 2011, 36(4): 487-507.

[18] Arnstein S R. A Working Model for Public Participation[J]. Public Administration Review, 1975, 35(1): 70.

[19] Arriaza M, Cañas-Ortega J F, Cañas-Madueño J A, et al. Assessing the visual quality of rural landscapes[J]. Landscape & Urban Planning, 2004, 69(1): 115-125.

[20] Atik M，Işıklı R C，Ortaçeşme V，et al. Exploring a combination of objective and subjective assessment in landscape classification：Side case from Turkey[J]. Applied Geography，2017，83：130-140.

[21] Aynekulu E，Wubneh W，Birhane E，et al. Monitoring and evaluating land use/land cover change using participatory geographic information system（PGIS）tools：A case study of begasheka watershed，Tigray，Ethiopia[J]. Electronic Journal on Information Systems in Developing Countries，2006，25（3）：1-10.

[22] Baldwin K，Mahon R，McConney P. Participatory GIS for strengthening transboundary marine governance in SIDS[J]. Resources Forum Natural，2013，37（4）：257-268.

[23] Barbera G，Cullotta S. An Inventory Approach to the Assessment of Main Traditional Landscapes in Sicily（Central Mediterranean Basin）[J]. Landscape Research，2012，37（5）：539-569.

[24] Basco-Carrera L，Warren A，Beek E V，et al. Collaborative modelling or participatory modelling？ A framework for water resources management[J]. Environmental Modelling & Software，2017，91：95-110.

[25] Batty M，Xie Y，Sun Z. Modeling urban dynamics through GIS-based cellular automata[J]. Computers Environment & Urban Systems，1999，23（3）：205-233.

[26] Batty M. Exploring Isovist Fields：Space and Shape in Architectural and Urban Morphology[J]. Environment and Planning B：Planning and Design，2001，28（1）：123-150.

[27] Belant J L. Gulls in urban environments：landscape-level management to reduce conflict[J]. Land Urban Plan，1997，38（3-4）：245-258.

[28] Bell S，Berg T，Morse S. Rich Pictures：Sustainable Development and Stakeholders-The Benefits of Content Analysis[J]. Sustainable Development，2016，24（2）：136-148.

[29] Bell S, Morse S. Rich pictures: a means to explore the 'sustainable mind'? [J]. Sustainable Development, 2013, 21(1): 30-47.

[30] Bell S. Landscape: Pattern, Perception and Process[M]. London: E&FN Spon, 1999.

[31] Benedikt M L. To Take Hold of Space: Isovists and Isovist Fields[J]. 1979, 6(1): 47-65.

[32] Bezant J, Grant K. The post-medieval rural landscape: Towards a landscape archaeology?[J]. Post-Medieval Archaeology, 2016, 50(1): 92-107.

[33] Bijker R A, Sijtsma F J. A portfolio of natural places: Using a participatory GIS tool to compare the appreciation and use of green spaces inside and outside urban areas by urban residents[J]. Landscape & Urban Planning, 2017, 158: 155-165.

[34] Bishop I D, Iv R B H. Integrating technologies for visual resource management[J]. Journal of Environmental Management, 1991, 32(4): 295-312.

[35] Bohnet I. Assessing retrospective and prospective landscape change through the development of social profiles of landholders: A tool for improving land use planning and policy formulation[J]. Landscape & Urban Planning, 2008, 88(1): 0-11.

[36] Bonabeau E. Agent-based modeling: methods and techniques for simulating human systems[J]. Proc Natl Acad Sci U S A, 2002, 99(10): 7280-7287.

[37] Booth A, Halseth G. Why the public thinks natural resources public participation processes fail: A case study of British Columbia communities[J]. Land Use Policy, 2011, 28(4): 898-906.

[38] Bourassa S. The Aesthetics of Landscape[M]. Trans. Peng F. Beijing: Peking University Press(In Chinese), 2008.

[39] Breder H, Alexander R. Participatory Art and Body Sculptures with

Mirrors[J]. Leonardo, 1974, 7(2): 145-146.

[40] Brovelli M A, Minghini M, Zamboni G. Public participation in GIS via mobile applications[J]. ISPRS Journal of Photogrammetry and Remote Sensing, 2016, 114: 306-315.

[41] Brown G, Brabyn L. An analysis of the relationships between multiple values and physical landscapes at a regional scale using public participation GIS and landscape character classification[J]. Landscape & Urban Planning, 2012, 107(3): 317-331.

[42] Brown G, Fagerholm N. Empirical PPGIS/PGIS mapping of ecosystem services: A review and evaluation[J]. Ecosystem Services, 2015, 13: 119-133.

[43] Brown G, Kyttä M. Key issues and research priorities for public participation GIS (PPGIS): A synthesis based on empirical research[J]. Applied Geography, 2014, 46: 122-136.

[44] Brown G, Schebella M F, Weber D. Using participatory GIS to measure physical activity and urban park benefits[J]. Landscape & Urban Planning, 2014, 121(1): 34-44.

[45] Brown P M, Kaufmann M R, Shepperd W D. Long-term, landscape patterns of past fire events in a montane ponderosa pine forest of central Colorado[J]. Landscape Ecology, 1999, 14(6): 513-532.

[46] Brownlee K, Graham J R, Doucette E, et al. Have Communication Technologies Influenced Rural Social Work Practice?[J]. British Journal of Social Work, 2010, 40(2): 622-637.

[47] Brown-Sica M, Sobel K, Rogers E. Participatory action research in learning commons design planning[J]. New Library World, 2010, 111(111): 302-319.

[48] Bruns D, Haustein N, Willecke J. Landscape planning for flood risk management planning with SEA[J]. Journal of Landscape Architecture, 2008, 3(1): 24-35.

[49] Buchecker M, Hunziker M, Kienast F. Participatory landscape development: overcoming social barriers to public involvement[J]. Landscape & Urban Planning, 2003, 64(1): 29-46.

[50] Butler A, Olwig K R, Dalglish C, et al. Dynamics of integrating landscape values in landscape character assessment: the hidden dominance of the objective outsider[J]. Landscape Research, 2016, 41(2): 239-252.

[51] Campos M, Velázquez A, Verdinelli G B, et al. Rural people's knowledge and perception of landscape: A case study from the Mexican pacific coast[J]. Society & Natural Resources, 2012, 25(8): 759-774.

[52] Carlson A. Nature and Landscape[M]. Trans. Chen L.B. Changsha: Hunan Science and Technique Press, 2006(In Chinese).

[53] Carmona G, Varelaortega C, Bromley J. Participatory modelling to support decision making in water management under uncertainty: two comparative case studies in the Guadiana river basin, Spain[J] Journal of Environmental Management, 2013, 128(20): 400-412.

[54] Carsjens G J, Ligtenberg A. A GIS-based support tool for sustainable spatial planning in metropolitan areas[J]. Landscape & Urban Planning, 2006, 80(1): 72-83.

[55] Chai G H, Liao B H, Ting-Xing H U. Design and realization of the virtual Dujiangyan campus of Sichuan agricultural university based on SketchUP and ArcGIS[J]. Science of Surveying & Mapping, 2009, 34(6): 270-272.

[56] Chamberlain B C, Meitner M J. A route-based visibility analysis for landscape management[J]. Landscape & Urban Planning, 2013, 111(1): 13-24.

[57] Chang C H, Ding Z K. Categorical data visualization and clustering using subjective factors[J]. Data & Knowledge Engineering, 2005, 53(3): 243-262.

[58] Chen J , Chang Z . Rethinking urban green space accessibility:

Evaluating and optimizing public transportation system through social network analysis in megacities[J]. Landscape and Urban Planning, 2015, 143: 150-159.

[59] Chenab S H. Good practice in Bayesian network modelling[J]. Environmental Modelling & Software, 2012, 37(17): 134-145.

[60] Chung W W C, Leung S W F. Collaborative planning, forecasting and replenishment: a case study in copper clad laminate industry[J]. Production Planning & Control, 2005, 16(6): 563-574.

[61] Ciftcioglu O, Bittermann M S. Solution diversity in multi-objective optimization: A study in virtual reality[C]// Evolutionary Computation. IEEE, 2008: 1019-1026.

[62] Cinderby S. Geographic Information Systems for participation: The future of environmental GIS?[J]. International Journal of Environment & Pollution, 1999, 11(3): 304-315.

[63] Clay G R, Smidt R K. Assessing the validity and reliability of descriptor variables used in scenic highway analysis[J]. Landscape & Urban Planning, 2004, 66(4): 239-255.

[64] Colglazier W. Sustainability. Sustainable development agenda: 2030[J]. Science, 2015, 349(6252): 1048.

[65] Council of Europe. Official text of the European Landscape Convention In 2000. (2000-10-20) [2007-12-04]. http: //www.coe.Int/t/e/Cultural_Co-operation/Environment/Landscape.

[66] Cullotta S, Barbera G, Inventory L, et al. Mapping traditional cultural landscapes in the Mediterranean area using a combined multidisciplinary approach: Method and application to Mount Etna (Sicily; Italy)[J]. Landscape & Urban Planning, 2011, 100(1): 98-108.

[67] Cumming G, Norwood C. The Community Voice Method: Using participatory research and filmmaking to foster dialog about changing landscapes[J]. Landscape & Urban Planning, 2010, 98(2): 434-444.

[68] Dadvarkhani F. Participation of rural community and tourism development in Iran[J]. Community Development, 2012, 43(2): 259-277.

[69] Daniel T.C. Whither scenic beauty? Visual landscape quality assessment in the 21st century[J]. Landscape & urban planning, 2001, 54: 267-281.

[70] Davern M. Area-Level Disparities of Public Open Space: A Geographic Information Systems Analysis in Metropolitan Melbourne[J]. Urban Policy & Research, 2015, 33(3): 306-323.

[71] Davidoff P, Reiner T A. A Choice Theory of Planning [J]. A Reader in Planning Theory, 1973, 28(2): 11-39.

[72] Dean D J. Improving the accuracy of forest viewsheds using triangulated networks and the visual permeability method[J]. Canadian Journal of Forest Research, 1997, 27(7): 969-977.

[73] Díez M A, Etxano I, Garmendia E. Evaluating Participatory Processes in Conservation Policy and Governance: Lessons from a Natura 2000 pilot case study[J]. Environmental Policy & Governance, 2015, 25(2): 125-138.

[74] Dockerty T, Lovett A, Sünnenberg G, et al. Visualising the potential impacts of climate change on rural landscapes[J]. Computers Environment & Urban Systems, 2005, 29(3): 297-320.

[75] Dolfini E, Testa R. Integrating Knowledge through Information Trading: Examining the Relationship between Boundary Spanning Communication and Individual Performance[J]. Decision Sciences, 2010, 34(2): 261-286.

[76] Domingo-Santos J M, Villarán R F D, Ígor Rapp-Arrarás, et al. The visual exposure in forest and rural landscapes: An algorithm and a GIS tool[J]. Landscape & Urban Planning, 2011, 101(1): 52-58.

[77] Dong W, Brown G, Yan L, et al. A comparison of perceived and geographic access to predict urban park use[J]. Cities, 2015, 42(42): 85-96.

[78] Dramstad W E, Tveit M S, Fjellstad W J, et al. Relationships between visual landscape preferences and map-based indicators of landscape structure[J]. Landscape & Urban Planning, 2006, 78(4): 465-474.

[79] Dransch D. The use of different media in visualizing spatial data[J]. Computers & Geosciences, 2000, 26(1): 5-9.

[80] Dronova I. Environmental heterogeneity as a bridge between ecosystem service and visual quality objectives in management, planning and design[J]. Landscape & Urban Planning, 2017, 163: 90-106.

[81] Dudek G, Stadtler H. Negotiation-based collaborative planning between supply chains partners[J]. European Journal of Operational Research, 2007, 163(3): 668-687.

[82] Duncan B W, Boyle S, Breininger D R, et al. Coupling past management practice and historic landscape change on John F. Kennedy Space Center, Florida[J]. Landscape Ecology, 1999, 14(3): 291-309.

[83] Ellerbrock M J. Sustainable Investment and Resource Use: Equity, Environmental Integrity and Economic Efficiency[J]. Ecological Economics, 1992, 8(1): 77-79.

[84] Emily R, Rieke H, Stephan P. The added value of public participation GIS (PPGIS) for urban green infrastructure planning[J]. Urban Forestry & Urban Greening, 2018: 53-57.

[85] Emmelin L. Landscape impact analysis: a systematic approach to landscape impacts of policy[J]. Landscape Research, 1996, 21(1): 13-35.

[86] Epule, Terence E, Peng, et al. Enabling Conditions for Successful Greening of Public Spaces: The Case of Touroua, Cameroon Based on Perceptions[J]. Small-scale Forestry, 2014, 13(2): 143-161.

[87] Ervin S M. Digital landscape modeling and visualization: a research agenda[J]. Landscape & Urban Planning, 2001, 54(1): 49-62.

[88] Fagerholm N, Käyhkö N, Ndumbaro F, et al. Community stakeholders' knowledge in landscape assessments-Mapping indicators for

landscape services[J]. Ecological Indicators, 2012, 18: 421-433.

[89] Fairclough G, Herring P. Lens, mirror, window: interactions between Historic Landscape Characterisation and Landscape Character Assessment[J]. Landscape Research, 2016, 41(2): 1-13.

[90] Feick R D, Hall B G. Consensus-building in a multi-participant spatial decision support system[J]. Urisa Journal, 1996, 11(2): 17-23.

[91] Ferguson L, Chan S, Santelmann M, et al. Exploring participant motivations and expectations in a researcher-stakeholder engagement process: Willamette Water 2100[J]. Landscape & Urban Planning, 2017, 157: 447-456.

[92] Fiévé N. The genius loci of Katsura: literary landscapes in early modern Japan[J]. Studies in the History of Gardens & Designed Landscape, 2017, 37(2): 134-156.

[93] Fischer F, Forester J, Hajer M A, et al. The Argumentative Turn in Policy Analysis and Planning[J]. American Political Science Review, 1993, 89(1): 327-203.

[94] Fisher PF. Probable and fuzzy models of the viewshed operation[J]. Innovations in GIS, 1994(1): 161-175.

[95] Fisher-Gewirtzman D, Pinsly D S, Wagner I A, et al. View-oriented three-dimensional visual analysis models for the urban environment[J]. Urban Design International, 2005, 10(1): 23-37.

[96] Forester J. Bridging Interests and Community: Advocacy Planning and the Challenges of Deliberative Democracy[J]. Journal of the American Planning Association, 1994, 60(2): 153-158.

[97] Forester J. Planning in the Face of Conflict: Negotiation and Mediation Strategies in local Land Use Regulation[J]. Journal of the American Planning Association, 1987, 53(3): 303-314.

[98] Forester J. What Do Planning Analysts Do? Planning and Policy Analysisas Organizing[J]. Policy Studies Journal, 1980, 9(4): 595-604.

[99] Forsyth A. Analyzing Public Space at a Metropolitian Scale: Notes

基于景观媒介的交互式乡村规划方法及其实证研究

on the Potential for Using GIS[J]. Urban Geography, 2000, 21(2): 121-147.

[100] Freud S. Anthology to Freud Aesthetics[M]. Trans, Chen W.Q. and Zhang H.M. Shanghai: Knowledge Press, 1987(In Chinese).

[101] Friedmann J. A Response to Altshuler: Comprehensive Planning as a Process[J]. A Reader in Planning Theory, 1973, 31(3): 211-215.

[102] Friedmann J. Planning theory revisited[J]. Urban Planning Overseas, 1998, 6(3): 245-253.

[103] Friedmann J. Retracking America: A Theory of Transactive Planning[J]. Parasite Immunology, 1973, 29(2): 93-100.

[104] Fry G, Tveit M.S, Ode A, et al. The ecology of visual landscapes: Exploring the conceptual common ground of visual and ecological landscape Indicator[J]. Ecological Indicators, 2009, 9: 933-947.

[105] Gaber J. Reasserting the importance of qualitative methods in planning[J]. Landscape & Urban Planning, 1993, 26(1-4): 137-148.

[106] Gao Y, Babin N, Turner A J, et al. Understanding urban-suburban adoption and maintenance of rain barrels[J]. Landscape & Urban Planning, 2016, 153: 99-110.

[107] Garcia-Martin M, Fagerholm N, Bieling C, et al. Participatory mapping of landscape values in a Pan-European perspective[J]. Landscape Ecology, 2017(3): 1-18.

[108] Garrido P, Elbakidze M, Angelstam P. Stakeholders' perceptions on ecosystem services in Östergötland's (Sweden) threatened oak wood-pasture landscapes[J]. Landscape & Urban Planning, 2017, 158: 96-104.

[109] Ghadirian P, Bishop I D. Integration of augmented reality and GIS: A new approach to realistic landscape visualisation[J]. Landscape & Urban Planning, 2008, 86(3): 226-232.

[110] Giddens A. Affluence, Poverty and the Idea of a Post-Scarcity Society[J]. Development & Change, 2010, 27(2): 365-377.

[111] Giddens A. Classical Social Theory and the Origins of Modern Sociology[J]. American Journal of Sociology, 1976, 81(4): 703-729.

[112] Gilly M, Roux J P. Social marking in ordering tasks: Effects and action mechanisms[J]. European Journal of Social Psychology, 2010, 18 (3): 251-266.

[113] Gittins J W. Local landscape character assessment: An evaluation of community-led schemes in cheshire[J]. Landscape Research, 2007, 32 (4): 423-442.

[114] Górka A. Landscape Rurality: New Challenge for The Sustainable Development of Rural Areas in Poland[J]. Procedia Engineering, 2016, 161: 1373-1378.

[115] Gouldson. Europe's environment: The dobis assessment[J]. Environmental Policy & Governance, 1995, 6(1): 30-30.

[116] Gray S A, Zanre E, Gray S R J. Fuzzy Cognitive Maps as Representations of Mental Models and Group Beliefs[J]. Intelligent Systems Reference Library, 2014, 54: 29-48.

[117] Grittani R, Bonifazi A, Tassinari A. Everyday People Evaluating Everyday Landscapes: A Participatory Application of Landscape Character Assessment to Peri-urban Countryside[M]. Landscape Planning and Rural Development. 2014.

[118] Habermas J. Towards a reconstruction of historical materialism[J]. Theory & Society, 1975, 2(3): 287-300.

[119] Habermas J. Towards a theory of communicative competence[J]. Inquiry, 1970, 13(1-4): 360-375.

[120] Hage M, Leroy P, Petersen A C. Stakeholder participation in environmental knowledge production[J]. Futures, 2010, 42(3): 254-264.

[121] Hajkowicz S, Higgins A. A comparison of multiple criteria analysis techniques for water resource management[J]. European Journal of Operational Research, 2008, 184(1): 255-265.

基于景观媒介的交互式乡村规划方法及其实证研究

[122] Hall L A, Beissinger S R. A practical toolbox for design and analysis of landscape genetics studies[J]. Landscape Ecology, 2014, 29(9): 1487-1504.

[123] Hashimoto S, Sato Y. Participatory rural planning in Japan: promises and limits of neighborhood associations[J]. Paddy & Water Environment, 2008, 6(2): 199-210.

[124] Healey P. Collaborative Planning in a Stakeholder Society[J]. The Town Planning Review, 1998, 69: 1-21.

[125] Healey P. Collaborative planning: Shaping places in fragmented societies[M]. Vancouver: UBC Press, 1997.

[126] Healey P. Planning through debate: The communicative turn in planning theory[J]. Town Planning Review, 1992, 63(2): 143-162.

[127] Healey P. Planning with Complexity: An Introduction to Collaborative Rationality for Public Policy[J]. Planning Theory & Practice, 2010, 11(4): 437-439.

[128] Heath T, Smith S G, Lim B. Tall Buildings and the Urban Skyline[J]. Environment & Behavior, 2000, 32(4): 541-556.

[129] Hein L, Koppen C S A V, Ierland E C V, et al. Temporal scales, ecosystem dynamics, stakeholders and the valuation of ecosystems services[J]. Ecosystem Services, 2016, 21: 109-119.

[130] Hiedanpää J. European-wide conservation versus local well-being: the reception of the Natura 2000 Reserve Network in Karvia, SW-Finland[J]. Landscape & Urban Planning, 2002, 61(2): 113-123.

[131] Hong Y, Chiu C, Dweck C S, et al. Implicit theories, attributions, and coping: A meaning system approach[J]. Journal of Personality & Social Psychology, 1999, 77(3): 588-599.

[132] Hopkins D. The emancipatory limits of participation in planning: Equity and power in deliberative plan-making in Perth, Western Australia[J]. Town Planning Review, 2010, 81(1): 55-81.

[133] Howard, Andrew F. A critical look at multiple criteria decision making techniques with reference to forestry applications[J]. Canadian Journal of Forest Research, 1991, 21(11): 1649-1659.

[134] Howick S M, Eden C. Supporting strategic conversations: the significance of the model building process[J]. Journal of the Operational Research Society, 2011, 62(5): 868-878.

[135] Hu X, Liu X, He Z, et al. Batch modeling of 3D city based on Esri cityEngine[C]. Let International Conference on Smart and Sustainable City. IET, 2014: 26-30.

[136] Hu Y, Roo G D, Lu B. 'Communicative turn' in Chinese spatial planning? Exploring possibilities in Chinese contexts[J]. Cities, 2013, 35 (35): 42-50.

[137] Hughey S M, Walsemann K M, Child S, et al. Using an environmental justice approach to examine the relationships between park availability and quality indicators, neighborhood disadvantage, and racial/ ethnic composition[J]. Landscape & Urban Planning, 2016, 148: 159-169.

[138] Innes J E. Information on communicative planning. J Am Plan[J]. Journal of the American Planning Association, 1998, 64(1): 52-63.

[139] Innes J E. Planning Through Consensus Building: A New View of the Comprehensive Planning Ideal[J]. Journal of the American Planning Association, 1996, 62(4): 460-472.

[140] Innes J E. Information in Communicative Planning[J]. Journal of the American Planning Association, 1998, 64(1): 52-63.

[141] Ionides A, Claoué C. Resource management of cataract patients: can visual rehabilitation be achieved in three visits ? [J]. Journal of Cataract & Refractive Surgery, 1996, 22(6): 717.

[142] Ives C D, Oke C, Hehir A, et al. Capturing residents' values for urban green space: Mapping, analysis and guidance for practice[J]. Landscape & Urban Planning, 2017, 161: 32-43.

[143] Jackson D E. L'Enfant's Washington: An Architect's View[J]. Records of the Columbia Historical Society Washington D C, 1980, 50: 398-420.

[144] Jacobs P. Landscape Development in the Urban Fringe: A Case Study of the Site Planning Process[J]. Town Planning Review, 1971, 42(4): 342-360.

[145] Jacobson T L. Participatory Communication for Social Change: The Relevance of the Theory of Communicative Action[J]. Communication Yearbook, 2003, 27(1): 87-123.

[146] Jellema A, Stobbelaar D J, Groot J C J, et al. Landscape character assessment using region growing techniques in geographical information systems[J]. Journal of Environmental Management, 2009, 90 (90 Suppl 2): S161-S174.

[147] Jensen L.H. Chapter 12: Changing conceptualization of landscape in English landscape assessment methods. In: Tress B., Tress D.G., Fry G. et al.(eds). Landscape Research to Landscape Planning. Springer: Aspects of Integration, Education and Application, 2005.

[148] Jeong, Heisawn, HmeloSilver, et al. An examination of CSCL methodological practices and the influence of theoretical frameworks 2005–2009[J]. International Journal of Computer-Supported Collaborative Learning, 2014, 9(3): 305-334.

[149] Jessel B. Elements, characteristics and character: Information functions of landscapes in terms of Indicators[J]. Ecological Indicators, 2006 (6): 153-167.

[150] Jiang F. Waterfront Place Design Based on Landscape Image of Urban Waterfront Area[J]. Journal of Landscape Research, 2012(8).

[151] Johansen P H, Chandler T L. Mechanisms of power in participatory rural planning[J]. Journal of Rural Studies, 2015, 40: 12-20.

[152] Johnson G D, Myers W L, Patil G P, et al. Characterizing

watershed-delineated landscapes in Pennsylvania using conditional entropy profiles[J]. Landscape Ecology, 2001, 16(7): 597-610.

[153] Jones M. The European landscape convention and the question of public participation[J]. Landscape Research, 2007, 32(5): 613-633.

[154] Jones-Walters L, Çil A. Biodiversity and stakeholder participation[J]. Journal for Nature Conservation, 2011, 19(6): 327-329.

[155] Joseph M K, Andrew T N. Participatory approaches for the development and use of Information and Communication Technologies (ICTS) for rural farmers[C]// IEEE International Symposium on Technology & Society. 2008.

[156] Kaligarič M, Ivajnšič D, Landurbplan J, et al. Vanishing landscape of the "classic" Karst: changed landscape identity and projections for the future[J]. Landscape & Urban Planning, 2014, 132(2014): 148-158.

[157] Kemmis S, Mctaggart R. Participatory Action Research: Communicative Action and the Public Sphere[J]. Sage Handbook of Qualitative Research, 2005: 559-603.

[158] Kerselaers E, Rogge E, Vanempten E, et al. Changing land use in the countryside: Stakeholders' perception of the ongoing rural planning processes in Flanders[J]. Land Use Policy, 2013, 32: 197-206.

[159] Knick S T, Rotenberry J T. Landscape characteristics of disturbed shrubsteppe habitats in southwestern Idaho (U.S.A.)[J]. Landscape Ecology, 1997, 12(5): 287-297.

[160] Knight J. Town-making in rural Japan: An example from Wakayama[J]. Journal of Rural Studies, 1994, 10(3): 249-261.

[161] Kolagani N, Ramu P, Varghese K. Participatory Model Calibration for Improving Resource Management Systems: Case Study of Rainwater Harvesting in an Indian Village[J]. Jawra Journal of the American Water Resources Association, 2016, 51(6): 1708-1721.

[162] Kumagai T, Hirota J. The resident participation in a stage of

decision of the master plan. The case of Tanohata village and Isawa town in Iwate Prefecture[J]. Journal of Rural Planning Association, 2000, 19(2): 127-132.

[163] Kupidura A, Łuczewski M, Home R, et al. Public perceptions of rural landscapes in land consolidation procedures in Poland[J]. Land Use Policy, 2014, 39(3): 313-319.

[164] Lafleur J M. Probabilistic AHP and TOPSIS for multi-attribute decision-making under uncertainty[C]// Aerospace Conference. IEEE, 2011.

[165] Lane D C. The emergence and use of diagramming in system dynamics: a critical account[J]. Systems Research & Behavioral Science, 2010, 25(1): 3-23.

[166] Lane, D C. Diagramming conventions in system dynamics[J]. Journal of the Operational Research Society, 2000, 51(2): 241-245.

[167] Lange E. The limits of realism: perceptions of virtual landscapes[J]. Landscape & Urban Planning, 2001, 54: 163-182.

[168] Laniak, Gerard F, Rizzoli, et al. Thematic Issue on the Future of Integrated Modeling Science and; Technology Preface[J]. Environmental Modelling & Software, 2013, 39: 1-2.

[169] Larcher F, Novelli S, Gullino P, et al. Planning Rural Landscapes: A Participatory Approach to Analyse Future Scenarios in Monferrato Astigiano, Piedmont, Italy[J]. Landscape Research, 2013, 38 (6): 707-728.

[170] Laurian L. Deliberative Planning through Citizen Advisory Boards: Five Case Studies from Military and Civilian Environmental Cleanups[J]. Journal of Planning Education & Research, 2007, 26(4): 415-434.

[171] Laurian L. Trust in Planning: Theoretical and Practical Considerations for Participatory and Deliberative Planning[J]. Planning Theory & Practice, 2009, 10(3): 369-391.

[172] Lees E, Salvesen D, Shay E. Collaborative school planning and

active schools: a case study of Lee County, Florida[J]. Journal of Health Politics Policy & Law, 2008, 33(3): 595.

[173] Lewis J L, Sheppard S R J. Culture and communication: Can landscape visualization improve forest management consultation with indigenous communities?[J]. Landscape & Urban Planning, 2006, 77(3): 291-313.

[174] Lin T P, Lin H, Hu M Y. D. Visibility Analysis in Urban Environment-Cognition Research Based on Vge[J]. 2013, II-2/W1: 227-236.

[175] Lindquist M , Lange E, Kang J . From 3D landscape visualization to environmental simulation: The contribution of sound to the perception of virtual environments[J]. Landscape and Urban Planning, 2016, 148: 216-231.

[176] Liu T, Zhao D P, Pan M Y. An approach to 3D model fusion in GIS systems and its application in a future ECDIS[J]. Computers & Geosciences, 2016, 89: 12-20.

[177] Llobera M. Extending GIS-based visual analysis: the concept of visualscapes[J]. International Journal of Geographical Information Science, 2003, 17(1): 25-48.

[178] Logan J R, Crowder K D. Political Regimes and Suburban Growth, 1980–1990[J]. City & Community, 2010, 1(1): 113-135.

[179] Lovett A, Appleton K, Warren-Kretzschmar B, et al. Using 3D visualization methods in landscape planning: An evaluation of options and practical issues[J]. Landscape & Urban Planning, 2015, 142: 85-94.

[180] Lowenthal D, Olwig K R, Mitchell D. Living with and looking at landscape[J]. Landscape Research, 2007, 32(5): 635-656.

[181] Maccallum D. Participatory planning and means-ends rationality: a translation problem[J]. Planning Theory & Practice, 2008, 9(3): 325-343.

[182] March A. Democratic dilemmas, planning and Ebenezer Howard's garden city[J]. Planning Perspectives, 2004, 19(4): 409-433.

[183] Margerum R D. Evaluating Collaborative Planning: Implications from an Empirical Analysis of Growth Management[J]. Journal of the American Planning Association, 2002, 68(2): 179-193.

[184] Marušić B G. Analysis of patterns of spatial occupancy in urban open space using behaviour maps and GIS[J]. Urban Design International, 2011, 16(1): 36-50.

[185] Mazora A P. The (lost) life of a historic rural route in the core of Guadarrama Mountains, Madrid (Spain). A geographical perspective[J]. Landscape History, 2017, 38(1): 81-94.

[186] Mcintosh D. Language, self, and lifeworld in Habermas's Theory of Communicative Action[J]. Theory & Society, 1994, 23(1): 1-33.

[187] Mckee A J. Legitimising the Laird? Communicative Action and the role of private landowner and community engagement in rural sustainability[J]. Journal of Rural Studies, 2015, 41: 23-36.

[188] Mcleod M. Precisions: On the Present State of Architecture and City Planning by Le Corbusier[J]. Journal of the Society of Architectural Historians, 1996, 55(1): 89-92.

[189] Mekonnen A D, Gorsevski P V. A web-based participatory GIS (PGIS) for offshore wind farm suitability within Lake Erie, Ohio[J]. Renewable and Sustainable Energy Reviews, 2015, 41: 162-177.

[190] Messmer T A. The emergence of human-wildlife conflict management: turning challenges into opportunities[J]. International Biodeterioration & Biodegradation, 2000, 45(3): 97-102.

[191] Meyer M A, Hendricks M D. Using Photography to Assess Housing Damage and Rebuilding Progress for Disaster Recovery Planning[J]. Journal of the American Planning Association, 2018, 84(2): 127-144.

[192] Montis A D, Caschili S. Nuraghes and landscape planning: Coupling viewshed with complex network analysis[J]. Landscape & Urban Planning, 2012, 105(3): 315-324.

[193] Morecroft J D W. Managing product lines that share a common capacity base [J]. Journal of Operations Management, 1982, 3(2): 57-66.

[194] Morello E, Ratti C. A digital image of the city: 3D isovists in Lynch's urban analysis[J]. Environment & Planning B Planning & Design, 2009, 36(5): 837-853.

[195] Morgan P, Aplet G H, Haufler J B, et al. Historical range of variability: A useful tool for evaluating ecosystem change[J]. Journal of Sustainable Forestry, 1994, 2(1/2): 87-111.

[196] Mu S. Community Building in Social-mix Public Housing: Participatory Planning of Ankang Redevelopment Plan [J]. Procedia-Social and Behavioral Sciences, 2016, 222: 755-762.

[197] Muir R. Approaches to landscape[J]. Journal of Anthropological Research, 1999, 16(3): 398-399.

[198] Murad A K A. Creating a GIS application for retail centers in Jeddah city[J]. International Journal of Applied Earth Observations & Geoinformation, 2003, 4(4): 329-338.

[199] Musingafi M C C, Mhute I, Zebron S, et al. Planning to Teach: Interrogating the Link among the Curricula, the Syllabi, Schemes and Lesson Plans in the Teaching Process[J]. Journal of Education & Practice, 2015, 6: 54-59.

[200] Nassauer J I, Opdam P. Design in science: extending the landscape ecology paradigm[J]. Landscape Ecology, 2008, 23(6): 633-644.

[201] Nassauer J I. Landscape as medium and method for synthesis in urban ecological design[J]. Landscape & Urban Planning, 2012, 106(3): 221-229.

[202] Nassauer, Iverson J, Raskin, et al. Urban vacancy and land use legacies: A frontier for urban ecological research, design, and planning[J]. Landscape & Urban Planning, 2014, 125(2): 245-253.

[203] Naveh Z, Lieberman A S. Landscape Ecology[J]. Theory &

基
于
景
观
媒
介
的
交
互
式
乡
村
规
划
方
法
及
其
实
证
研
究

Application, 1990, volume 15(6): 495-504.

[204] Naveh Z. What is holistic landscape ecology? A conceptual introduction[J]. Landscape & Urban Planning, 2000, 50(1): 7-26.

[205] Neuenschwander N, Hayek U W, Grêt-Regamey A. Integrating an urban green space typology into procedural 3D visualization for collaborative planning[J]. Computers, Environment and Urban Systems, 2014, 48: 99-110.

[206] Nguyen D, Imamura F, Iuchi K. Disaster Management in Coastal Tourism Destinations: The Case for Transactive Planning and Social Learning[J]. International Review for Spatial Planning & Sustainable Development, 2016, 4(2): 3-17.

[207] Nichols L. Participatory program planning: including program participants and evaluators[J]. Evaluation & Program Planning, 2002, 25(1): 1-14.

[208] Nicholson-Cole S A. Representing climate change futures: a critique on the use of images for visual communication[J]. Computers Environment & Urban Systems, 2005, 29(3): 255-273.

[209] Nickles M, Rovatsos M, Weiss G. Empirical-rational semantics of agent communication[C]// International Joint Conference on Autonomous Agents & Multiagent Systems. 2004.

[210] Nutley S D. Planning options for the improvement of rural accessibility: Use of the time-space approach[J]. Regional Studies, 2007, 19(1): 37-50.

[211] O'Brien L, Marzano M, White R M. 'Participatory interdisciplinarity': Towards the integration of disciplinary diversity with stakeholder engagement for new models of knowledge production[J]. Science & Public Policy, 2013, 40(1): 51-61.

[212] Oakley P. The concept of participation in development[J]. Landscape & Urban Planning, 1991, 20(1-3): 115-122.

[213] Ode A., Tveit M.S., Fry G. Capturing Landscape Visual

Character Using Indicators: Touching Base with Landscape Aesthetic Theory[J]. Landscape Research, 2008, 33(1): 89-117.

[214] Ogburn D E. Assessing the level of visibility of cultural objects in past landscapes[J]. Journal of Archaeological Science, 2006, 33(3): 405-413.

[215] Opdam P, Luque S, Nassauer J, et al. How can landscape ecology contribute to sustainability science？[J]. Landscape Ecology, 2018, 33(1): 1-7.

[216] Orland B, Budthimedhee K, Uusitalo J. Considering virtual worlds as representations of landscape realities and as tools for landscape planning[J]. Landscape & Urban Planning, 2001, 54(1): 139-148.

[217] Orland B. Evaluating regional changes on the basis of local expectations: A visualisation dilemma[J]. Landscape & Urban Planning, 1992, 21(4): 257-259.

[218] Özesmi U, Özesmi S L. Ecological models based on people's knowledge: a multi-step fuzzy cognitive mapping approach[J]. Ecological Modelling, 2004, 176(1): 43-64.

[219] Palang H, Alumäe H, Ülo Mander. Holistic aspects in landscape development: a scenario approach[J]. Landscape & Urban Planning, 2000, 50(1): 85-94.

[220] Palmer J.F. Predicting scenic perceptions in a changing landscape: Dennis, Massachusetts[J]. Landscape & Urban Planning, 2004, 69: 201-218.

[221] Paolotti D, Carnahan A, Colizza V, et al. Web-based participatory surveillance of infectious diseases: the Influenzanet participatory surveillance experience[J]. Clinical Microbiology & Infection, 2013, 20(1): 17-21.

[222] Pearl J. Causality: Models, reasoning, and inference[J]. Publications of the American Statistical Association, 2009, 100(471): 1095-1096.

[223] Peng L P, Hsieh Y S. Settlement Typology and Community

Participation in Participatory Landscape Ecology of Residents[J]. Landscape Research, 2015, 40(5): 593-609.

[224] Pert P L, Lieske S N, Hill R. Participatory development of a new interactive tool for capturing social and ecological dynamism in conservation prioritization[J]. Landscape & Urban Planning, 2013, 114(11): 80-91.

[225] Pettit C, Sposito V, Aurambout J P, et al. Developing a multi-scale visualisation framework for use in climate change response[J]. Landscape Ecology, 2012, 27(4): 487-508.

[226] Pietrzyk-Kaszyńska A, Czepkiewicz M, Kronenberg J. Eliciting non-monetary values of formal and informal urban green spaces using public participation GIS[J]. Landscape surban Planning, 2017, 160: 85-95.

[227] Prell C, Feng K. The evolution of global trade and impacts on countries' carbon trade imbalances[J]. Social Networks, 2016, 46: 87-100.

[228] Pretty J N. Participatory learning for sustainable agriculture[J]. World Development, 1995, 23(8): 1247-1263.

[229] Primdahl J, Kristensen L S. Landscape strategy making and landscape characterisation—experiences from Danish experimental planning processes[J]. Landscape Research, 2016, 41(2): 1-12.

[230] Pullar D V, Tidey M E. Coupling 3D visualisation to qualitative assessment of built environment designs[J]. Landscape & Urban Planning, 2001, 55(1): 29-40.

[231] Punia M, Kundu A. Three dimensional modelling and rural landscape geo-visualization using geo-spatial science and technology[J]. Neo Geographia, 2014, 3(3): 1-19.

[232] Raskin J D. Constructivism in psychology: Personal construct psychology, radical constructivism, and social constructionism[J]. Journal of Constructivist Psychology, 2002, 27(1): 1-13.

[233] Raymond C M. Integrating multiple elements of environmental justice into urban blue space planning using public participation geographic

information systems[J]. Landscape & Urban Planning, 2016, 153: 198-208.

[234] Reed J, Vianen J V, Sunderland T C H. From global complexity to local reality: aligning implementation pathways for the Sustainable Development Goals and landscape approaches[J]. Cifor Infobrief, 2015, 115 (2): 196-205.

[235] Reeves K , Mcconville C . Cultural Landscape and Goldfield Heritage: Towards a Land Management Framework for the Historic South-West Pacific Gold Mining Landscapes[J]. Landscape Research, 2011, 36 (2): 191-207.

[236] Refsgaard, J. C. Quality assurance in model based water management - review of existing practice and outline of new approaches[J]. Environmental Modelling & Software, 2005, 20(10): 1201-1215.

[237] Rega C. Pursuing Integration Between Rural Development Policies and Landscape Planning: Towards a Territorial Governance Approach[J]. 2014.

[238] Ren Z, Anumba C J, Hassan T M, et al. Collaborative project planning: a case study of seismic risk analysis using an e-engineering hub[J]. Computers in Industry, 2006, 57(3): 218-230.

[239] Ribeiro A, Duarte J P, Almeida D, et al. Exploring CityEngine as a Visualisation Tool for 3D Cadastre[C]// International Fig 3d Cadastre Workshop. 2014.

[240] Richards M, Davies J, Yaron G, et al. Stakeholder incentives in participatory forest management: a manual for economic analysis[J]. Ecological Economics, 2004, 50(1): 160-161.

[241] Riley M, Harvey D. Landscape archaeology, heritage and the community in Devon: An oral history approach[J]. International Journal of Heritage Studies, 2005, 11(4): 269-288.

[242] Roberts J. Habermas: Rescuing the Public Sphere. By Pauline Johnson[J]. Journal of Critical Realism, 2015, 7(1): 2749-2758.

[243] Rogge E, Nevens F, Gulinck H. Perception of rural landscapes in Flanders: Looking beyond aesthetics[J]. Landscape & Urban Planning, 2007, 82(4): 159-174.

[244] Roncken P A. Rural Landscape Anatomy[J]. Journal of Landscape Architecture, 2006, 1(1): 8-21.

[245] Rosenbloom E S. A probabilistic interpretation of the final rankings in AHP[J]. European Journal of Operational Research, 1997, 96(2): 371-378.

[246] Ryu J, Leschine T M, Nam J, et al. A resilience-based approach for comparing expert preferences across two large-scale coastal management programs[J]. Journal of Environmental Management, 2011, 92(1): 92-101.

[247] Saengsupavanich C. Detached breakwaters: communities' preferences for sustainable coastal protection[J]. Journal of Environmental Management, 2013, 115: 106-113.

[248] Sager T. Deliberative Planning and Decision Making: An Impossibility Result[J]. Journal of Planning Education & Research, 2002, 21(4): 367-378.

[249] Salvati L, Zuliani E D, Sabbi A, et al. Land-cover changes and sustainable development in a rural cultural landscape of central Italy: classical trends and counter-intuitive results[J]. International Journal of Sustainable Development & World Ecology, 2017, 24(1): 1-10.

[250] Sandercock J, Lin P, Zambetta F. Creating Adaptive and Individual Personalities in Many Characters Without Hand-Crafting Behaviors[J]. Lecture Notes in Computer Science, 2006, 4133: 357-368.

[251] Sansoni C. Visual analysis: a new probabilistic technique to determine landscape visibility[J]. Computer Aided Design, 1996, 28(4): 289-299.

[252] Santosa H, Ikaruga S, Kobayashi T. 3D interactive simulation system (3DISS) using multimedia application authoring platform for landscape planning support system[J]. Procedia-Social and Behavioral Sciences, 2016,

227: 247-254.

[253] Scarinci I C, Johnson R E, Hardy C, et al. Planning and implementation of a participatory evaluation strategy: a viable approach in the evaluation of community-based participatory programs addressing cancer disparities[J]. Evaluation & Program Planning, 2009, 32(3): 221-228.

[254] Schauppenlehner T, Salak B, Scherhaufer P, et al. Assessment of the visual landscape impact and dominance of wind tubines in Austria using weighted viewshed maps[C]// EGU General Assembly Conference. EGU General Assembly Conference Abstracts, 2017.

[255] Schirpke U. Mapping Alpine Landscape Values and Related Threats as Perceived by Tourists[J]. Landscape Research, 2015, 40(4): 451-465.

[256] Schouten M, Opdam P, Polman N, et al. Resilience-based governance in rural landscapes: Experiments with agri-environment schemes using a spatially explicit agent-based model[J]. Land Use Policy, 2013, 30 (1): 934-943.

[257] Sedlacko M, Martinuzzi A, Røpke I, et al. Participatory systems mapping for sustainable consumption: Discussion of a method promoting systemic insights[J]. Ecological Economics, 2014, 106(1): 33-43.

[258] Selman P. Community participation in the planning and management of cultural landscapes[J]. Journal of Environmental Planning & Management, 2004, 47(3): 365-392.

[259] Serrat-Capdevila A, Scott R L, Shuttleworth W J, et al. Estimating evapotranspiration under warmer climates: Insights from a semi-arid riparian system[J]. Journal of Hydrology, 2011, 399(1): 1-11.

[260] Shah I A, Baporikar N. Participatory rural development program and local culture: a case study of Mardan, Pakistan[J]. International Journal of Sustainable Development & Planning, 2010, 5(1): 31-42.

[261] Sheppard S, Picard P. Visual-quality impacts of forest pest activity at the landscape level: A synthesis of published knowledge and research

needs[J]. Landscape & Urban Planning, 2006, 77(4): 321-342.

[262] Shirani-Mehr, Banaei-Kashani, Shahabi, et al. Users plan optimization for participatory urban texture documentation[J]. Geoinformatica, 2013, 17(1): 173-205.

[263] Slocum R. Commentary on "Public Health as Urban Politics, Urban Geography: Venereal Biopower in Seattle, 1943-1983" [J]. Urban Geography, 2009, 30(1): 30-35.

[264] Smeding F W, Joenje W. Farm–Nature Plan: landscape ecology based farm planning[J]. Landscape & Urban Planning, 1999, 46(1-3): 109-115.

[265] Smith, Legge E, Bishop, et al. Scenario Chooser: An interactive approach to eliciting public landscape preferences[J]. Landscape & Urban Planning, 2012, 106(3): 230-243.

[266] Speelman E N, García-Barrios L E, Groot J C J, et al. Gaming for smallholder participation in the design of more sustainable agricultural landscapes[J]. Agricultural Systems, 2014, 126(3): 62-75.

[267] Stamps A E. Evaluating enclosure in urban sites[J]. Landscape & Urban Planning, 2001, 57(1): 25-42.

[268] Stamps A E. Isovists, enclosure, and permeability theory[J]. Environment & Planning B Planning & Design, 2005, 32(5): 735-762.

[269] Stamps A E. Visual Permeability, Locomotive Permeability, Safety, and Enclosure[J]. Environment & Behavior, 2005, 37(5): 587-619.

[270] Steiner F R. An approach for greenway suitability analysis[J]. Landscape & Urban Planning, 1998, 42(2-4): 0-105.

[271] Stelling F, Allan C, Thwaites R. Nature strikes back or nature heals Can perceptions of regrowth in a post-agricultural landscape in South-eastern Australia be used in management interventions for biodiversity outcomes[J]. Landscape & Urban Planning, 2017, 158: 202-210.

[272] Stenseke M. Local participation in cultural landscape maintenance:

lessons from Sweden[J]. Land Use Policy, 2009, 26(2): 214-223.

[273] Strumse E. Environmental attributes and the prediction of visual preferences for agrarian landscapes in western Norway[J]. Journal of Environmental Psychology, 1994, 14: 293-303.

[274] Sugimoto K. Use of GIS-based analysis to explore the characteristics of preferred viewing spots indicated by the visual interest of visitors[J]. Landscape Research, 2017, 43(3): 1-15.

[275] Swanson L E. Rural Policy and Direct Local Participation: Democracy, Inclusiveness, Collective Agency, and Locality-Based Policy*[J]. Rural Sociology, 2010, 66(1): 1-21.

[276] Swanwick C. On the Meaning of Natural Beauty in Landscape Legislation[J]. Landscape Research, 2010, 35(1): 3-26.

[277] Taylor L, Hochuli D F. Defining greenspace: Multiple uses across multiple disciplines[J]. Landscape & Urban Planning, 2017, 158: 25-38.

[278] Tewdwrjones M, Allmendinger P. Deconstructing Communicative Rationality: A Critique of Habermasian Collaborative Planning[J]. Environment & Planning A, 1998, 30(11): 1975-1989.

[279] Tian W, Bai J, Sun H, et al. Application of the analytic hierarchy process to a sustainability assessment of coastal beach exploitation: a case study of the wind power projects on the coastal beaches of Yancheng, China[J]. Journal of Environmental Management, 2013, 115(Complete): 251-256.

[280] Tortora A, Statuto D, Picuno P. Rural landscape planning through spatial modelling and image processing of historical maps[J]. Land Use Policy, 2015, 42: 71-82.

[281] Tress B, Tress G. Scenario visualisation for participatory landscape planning—a study from Denmark[J]. Landscape & Urban Planning, 2003, 64(3): 161-178.

[282] Treves A, Kapp K J, Macfarland D M. American black bear

nuisance complaints and hunter take[J]. Ursus, 2010, 21(1): 30-42.

[283] Trop T. From knowledge to action: Bridging the gaps toward effective incorporation of Landscape Character Assessment approach in land-use planning and management in Israel[J]. Land Use Policy, 2017, 61: 220-230.

[284] Trubka R, Glackin S, Lade O, et al. A web-based 3D visualisation and assessment system for urban precinct scenario modelling[J]. ISPRS Journal of Photogrammetry and Remote Sensing, 2015, 117: 175-186.

[285] Turner A, Doxa M, O'Sullivan D, et al. From isovists to visibility graphs: a methodology for the analysis of architectural space[J]. Environment & Planning B Planning & Design, 2001, 28(1): 103-121.

[286] Tveit M, Å. Ode, Fry G. Key concepts in a framework for analysing visual landscape character[J]. Landscape Research, 2006, 31(3): 229-255.

[287] Tyrväinen L, Mäkinen K, Schipperijn J. Tools for mapping social values of urban woodlands and other green areas[J]. Landscape & Urban Planning, 2007, 79(1): 5-19.

[288] Vacik H, Kurttila M, Hujala T, et al. Evaluating collaborative planning methods supporting programme-based planning in natural resource management[J]. Journal of Environmental Management, 2014, 144: 304-315.

[289] Valenciasandoval C, Flanders D N, Kozak R A. Participatory landscape planning and sustainable community development: methodological observations from a case study in rural Mexico[J]. Landscape & Urban Planning, 2010, 94(1): 63-70.

[290] Van Oosten, C. Venter, M. Sunderland, et al. Ten principles for a landscape approach to reconciling agriculture, conservation, and other competing land uses[J]. Proceedings of the National Academy of Sciences of the United States of America, 2013, 10: 8349-8356.

[291] Veldkamp A, Fresco L O. clue-cr: an integrated multi-scale model to simulate land use change scenarios in Costa Rica[J]. Ecological Modelling,

1996, 91(1-3): 231-248.

[292] Verburg P H, Veldkamp A, Rounsevell M D A. Scenario-based studies of future land use in Europe[J]. Agriculture Ecosystems & Environment, 2006, 114(1): 1-6.

[293] Vogt C A, Marans R W. Natural resources and open space in the residential decision process: a study of recent movers to fringe counties in southeast Michigan[J]. Landscape & Urban Planning, 2016, 69(2): 255-269.

[294] Vriend G. WHAT IF: A molecular modeling and drug design program[J]. Journal of Molecular Graphics, 1990, 8(1): 52-56.

[295] Wagtendonk A J, Vermaat J E. Visual perception of cluttering in landscapes: Developing a low resolution GIS-evaluation method[J]. Landscape & Urban Planning, 2014, 124(4): 85-92.

[296] Walker D, Daniels T L. The planners guide to Community Viz: the essential tool for a new generation of planning[M]. Washington DC: American Planning Association Planner Preaa, 2011.

[297] Walliser B. Instrumental rationality and cognitive rationality[J]. Theory & Decision, 1989, 27(1-2): 7-36.

[298] Wang J, Tsai C H, Lin P C. Applying spatial-temporal analysis and retail location theory to pubic bikes site selection in Taipei[J]. Transportation Research Part A Policy & Practice, 2016, 94: 45-61.

[299] Wang X J, Yu Z R, Cinderby S, et al. Enhancing participation: Experiences of participatory geographic information systems in Shanxi Province, China[J]. Applied Geography, 2008, 28(2): 96-109.

[300] Wang X J. Participatory geographic information system review[J]. Chinese Journal of Eco-Agriculture, 2010, 18(5): 1138-1144.

[301] Weinstoerffer J., Girardin P. Assessment of the contribution of land use pattern and Intensity to landscape quality: Use of a landscape Indicator[J]. Ecological Modelling, 2000, 130: 95-109.

[302] Weitkamp G, Lammeren R V, Bregt A. Validation of isovist

基于景观媒介的交互式乡村规划方法及其实证研究

variables as predictors of perceived landscape openness[J]. Landscape & Urban Planning, 2014, 125(125): 140-145.

[303] Wellenius B. Closing the gap in access to rural communication: Chile 1995-2002[J]. World Bank Publications, 2002, volume 4(3): 29-41(13).

[304] Wergles N, Muhar A. The role of computer visualization in the communication of urban design—A comparison of viewer responses to visualizations versus on-site visits[J]. Landscape & Urban Planning, 2009, 91(4): 171-182.

[305] Wheatley D. Cumulative viewshed analysis: A GIS-based method for investigating intervisibility, and its archaeological application[J]. Taylor and Francis, 1995.

[306] Wherrett J.R. Issues in using the Internet as a medium for landscape preference research[J]. Landscape & Urban Planning, 1999, 45: 209-217.

[307] White J. Pre-transfusion testing[J]. ISBT Science Series, 2009, 4(1): 37-44.

[308] Williams K J H, Ford R M, Bishop I D, et al. Realism and selectivity in data-driven visualisations: A process for developing viewer-oriented landscape surrogates[J]. Landscape & Urban Planning, 2007, 81(3): 213-224.

[309] Winter M C, Brown D H, Checkland P B. A role for soft systems methodology in information systems development[J]. European Journal of Information Systems, 1995, 4(3): 130-142.

[310] Wissen U, Schroth O, Lange E, et al. Approaches to integrating indicators into 3D landscape visualisations and their benefits for participative planning situations[J]. Journal of Environmental Management, 2008, 89(3): 184-196.

[311] Wollenberg E, Edmunds D, Buck L. Using scenarios to make decisions about the future: anticipatory learning for the adaptive co-

management of community forests[J]. Landscape & Urban Planning, 2000, 47(1): 65-77.

[312] Wu H. He Z., Gong J. A virtual globe-based 3D visualization and interactive framework for public participation in urban planning processes[J]. Computers, Environment and Urban Systems, 2010, 34: 291-298.

[313] Yang P J, Putra S Y, Li W. Viewsphere: A GIS-based 3D visibility analysis for urban design evaluation[J]. Environment & Planning B Planning & Design, 2007, 34(6): 971-992.

[314] Yeh G O, Man H C. An integrated GIS and location-allocation approach to public facilities planning—An example of open space planning[J]. Computers Environment & Urban Systems, 1996, 20(4): 339-350.

[315] Young J C, Jordan A, R. S K, et al. Does stakeholder involvement really benefit biodiversity conservation?[J]. Biological Conservation, 2013, 158(2): 359-370.

[316] Yu L J, Pan Y. The Key Problem of Service-based Integration of 2D GIS and 3D Visuliation Technology and Its Solution[J]. Journal of Geo-Information Science, 2011, 13(1): 58-64.

[317] Yu L J, Sun D F, Peng Z R, et al. A hybrid system of expanding 2D GIS into 3D space[J]. Cartography and Geographic Information Science, 2012, 39(3): 140-153.

[318] Yu L J, Yu Z R, Pan Y. A case study of the design and application of 3D visualization system for agricultural landscape planning[J]. Intelligent Automation and Soft Computing, 2010, 16(6): 975-984.

[319] Yu S, Yu B, Wei S, et al. View-based greenery: A three-dimensional assessment of city buildings' green visibility using Floor Green View Index[J]. Landscape & Urban Planning, 2016, 152: 13-26.

[320] Zhang Q, Liu W P, Yu Z R. Landscape character assessment framework in rural area: A case study in Qiaokou, Chang-sha, China[J]. Chinese Journal of Applied Ecology, 2015, 26(5): 1537-1541.

[321] Zhou W. Effects of patch characteristics and within patch heterogeneity on the accuracy of urban land cover estimates from visual interpretation[J]. Landscape Ecology，2012，27（9）：1291-1305.

[322] Zhu D. Research from global Sustainable Development Goals（SDGs）to sustainability science based on the object-subject-process framework[J]. Chinese Journal of Population Resources & Environment，2017，15（1）：8-20.

[323] Zorica Nedovicc-Budicc，Kan R G，Johnston D M，et al. CommunityViz-Based Prototype Model for Assessing Development Impacts in a Naturalized Floodplain—EmiquonViz[J]. Journal of Urban Planning & Development，2006，132（4）：201-210.

[324] 鲍梓婷，周剑云，肖毅强. 景观作为可持续城市设计的媒介和途径[J]. 中国园林，2017，33（2）：17-21.

[325] 鲍梓婷. 景观作为存在的表征及管理可持续发展的新工具[D]. 广州，华南理工大学，2016.

[326] 毕宇珠. 乡村土地整理规划中的公众参与研究——以一个中德合作土地整理项目为例[J]. 生态经济（中文版），2009（9）：38-41.

[327] 边防，赵鹏军，张衔春，等. 新时期我国乡村规划农民公众参与模式研究[J]. 现代城市研究，2015（4）：27-34.

[328] 曹康，王晖. 从工具理性到交往理性——现代城市规划思想内核与理论的变迁[J]. 城市规划，2009，33（9）：44-51.

[329] 曹康，吴殿廷. 规划理论二分法中的本体理论和程序理论[J]. 城市问题，2007（8）：2-6.

[330] 曹轶，魏建平. 沟通式规划理论在新时期村庄规划中的应用探索[J]. 规划师，2010（s2）：229-232.

[331] 曹昭. 儒家角色伦理与哈贝马斯的沟通行动理论探析[J]. 前沿，2010（10）：66-69.

[332] 陈尚超. 城市仿真——一种交互式规划和公众参与的创新工具[J]. 城市规划，2001（8）：34-36.

[333] 陈向明. 扎根理论的思路和方法 [J]. 教育研究与实验，1999（4）：58-63.

[334] 陈鑫峰，王雁. 国内外森林景观的定量评价和经营技术研究现状 [J]. 世界林业研究，2000，13（5）：31-38.

[335] 陈有川，朱京海. 我国城市规划中公众参与的特点与对策 [J]. 规划师，2000，16（4）：8-10.

[336] 陈瑜雯，袁中金，赵邹斌. 村庄规划编制的农户过程式参与模式研究 [J]. 城市发展研究，2012（9）：114-119.

[337] 丁奇，张静. 做让农民看得懂的新农村规划——村庄规划过程中的公众参与 [J]. 小城镇建设，2009（5）：62-64.

[338] 丁偕，李满春. 基于GIS的土地利用规划公众参与研究 [J]. 现代测绘，2006，29（3）：7-10.

[339] 丁宇. 西方现代城市规划中理性规划的发展脉络 [J]. 规划师，2005，21（1）：104-107.

[340] 董金柱. 国外协作式规划的理论研究与规划实践 [J]. 国际城市规划，2004，19（2）：48-52.

[341] 方明，刘军. 国外村镇建设借鉴 [M].2006. 北京：中国社会出版社.

[342] 高凌霄，刘黎明. 乡村景观保护的利益相关关系辨析 [J]. 农业现代化研究，2017（6）：118-125.

[343] 戈冰，苏茜茜，黄颖. 协商式规划在社区发展规划中的运用——以宝安区三个社区发展规划研究为例 [C]// 中国城市规划年会.2015.

[344] 顾丽梅. 解读西方的公民参与理论——兼论我国城市政府治理中公民参与新范式的建构 [J]. 南京社会科学，2006（3）：41-48.

[345] 郭星，熊宇. 基于城市设计的村庄公共中心规划设计 [J]. 南昌工程学院学报，2014（3）：37-41.

[346] 衡先培，王志芳，戴芹芹，等. 地方知识在水安全格局识别中的作用—以重庆御临河流域龙兴、石船镇为例 [J]. 生态学报，2016，36（13）：4152-4162.

[347] 黄辉祥，万君. 乡村建设：中国问题与韩国经验——基于韩国

新村运动的反思性研究[J].社会主义研究，2010（6）：86-90.

[348] 李开猛，王锋，李晓军.村庄规划中全方位村民参与方法研究——来自广州市美丽乡村规划实践[J].城市规划，2014，38（12）：34-42.

[349] 李强，张鲸，杨开忠.理性的综合城市规划模式在西方的百年历程[J].城市规划学刊，2003（6）：76-80.

[350] 刘滨谊，王云才.论中国乡村景观评价的理论基础与指标体系[J].中国园林，2002（5）：76-79.

[351] 刘小蓓.日本乡村景观保护公众参与的经验与启示[J].世界农业，2016（4）：135-138.

[352] 柳林，唐新明，李万斌，等.PPGIS在城市规划决策中的应用[J].测绘科学，2006（6）：111-113.

[353] 龙元.交往型规划与公众参与[J].城市规划，2004，28（1）：73-78.

[354] 罗罡辉，李贵才，徐雅莉.面向实施的权益协商式规划初探——以深圳市城市发展单元规划为例[J].城市规划，2013，306（2）：79-84.

[355] 马超，张戈，宿裕.以原住民参与为特色的村镇文化传承策略研究[J].城市发展研究，2013，20（9）：37-41.

[356] 毛璐，汪应宏，张建.基于倡导性规划理论的土地利用总体规划公众参与机制研究[J].国土资源科技管理，2008，25（4）：36-40.

[357] 潘影，张茜，甄霖，等.北京市平原区不同圈层绿色空间格局及生态服务变化[J].生态学杂志，2011，30（4）：818-823.

[358] 彭凭.基于渔耕文化景观要素的村落公共空间设计研究[D].昆明：昆明理工大学，2013.

[359] 秦波，朱巍.协作式规划的实施路径探讨——以某市产业园规划修编为例[J].城市规划，2017，41（10）：109-113.

[360] 全守杰，马志强.扎根理论视角下协同创新中心组织智力特征研究[J].科技进步与对策，2017，34（1）：20-24.

[361] 阮并晶，张绍良，恽如伟，等.沟通式规划理论发展研究——从"理论"到"实践"的转变[J].城市规划，2009（5）：38-41.

[362] 孙新章.中国参与2030年可持续发展议程的战略思考[J].中国

人口·资源与环境，2016，26（1）：1-7.

[363] 唐祖辉. 新农村景观的乡土特色表达策略研究——以浙江美丽乡村建设为例[D]. 杭州：浙江农林大学，2013.

[364] 童明. 现代城市规划中的理性主义[J]. 城市规划学刊，1998（1）：3-7.

[365] 王保忠，王保明，何平. 景观资源美学评价的理论与方法[J]. 应用生态学报，2006，17（9）：1733-1739.

[366] 王冰，宋力. 景观美学评价中心理物理学方法的理论及其应用[J]. 安徽农业科学，2007，35（12）：3531-3532.

[367] 王大伟，戚红年，戴军. 基于模糊层次分析法的小城镇公共空间选址评价[J]. 金陵科技学院学报，2018，34（1）：50-54.

[368] 王丰龙，刘云刚，陈倩敏，等. 范式沉浮——百年来西方城市规划理论体系的建构[J]. 国际城市规划，2012，27（1）：75-83.

[369] 王婷，余丹丹. 边缘社区更新的协作式规划路径——中国"城中村"改造与法国"ZUS"复兴比较研究[J]. 规划师，2012，28（2）：81-85.

[370] 王晓军，张晓彤. 英国景观特征评估与营造[J]. 城乡建设，2016（1）：100-102.

[371] 王晓军，周洋，鄢彦斌，等. 政策与农耕：石咀头村40年景观变迁[J]. 应用生态学报，2015，26（1）：199-206.

[372] 王晓军. 参与式地理信息系统研究综述[J]. 中国生态农业学报，2010，18（5）：1138-1144.

[373] 王晓军. 参与式土地利用规划理论与方法：村级案例研究[D]. 北京：中国农业大学，2007.

[374] 王云才，刘滨谊. 论中国乡村景观及乡村景观规划[J]. 中国园林，2003，19（1）：55-58.

[375] 王正兴. 试论交互式土地利用规划[J]. 资源科学，1998，20（5）：76-80.

[376] 温雅. 基于市民社会的协商式规划体系的构建[C]// 中国城市规划年会，2010.

[377] 吴晓言. 基于公众参与的传统村落保护发展规划研究——以重庆大足玉峰村为例[D]. 重庆：重庆大学，2017.

[378] 吴智刚，王帅，陈忠暖. 村镇规划中的公众参与——理论与路径安排[J]. 城市观察，2015，（2）：150-157.

[379] 西村幸夫. 再造魅力故乡 [M]. 北京：清华大学出版社，2007.

[380] 香港规划署. 香港具景观价值地点研究 [EB/OL].（2004-08-08）[2009-04-04] www.pland.gov.hk\p_study\prog_s\landscape\c_index.htm.

[381] 项慧珍. 武汉市洪山区微型公共空间选址研究[J]. 绿色科技，2018（7）：36-39.

[382] 肖禾，王晓军，张晓彤，等. 参与式方法支持下的河北王庄村乡村景观规划修编[J]. 中国土地科学，2013，27(8)：87-92.

[383] 谢高地，鲁春霞，肖玉，等. 青藏高原高寒草地生态系统服务价值评估[J]. 山地学报，2003，21（1）：50-55.

[384] 星野敏. 以村民参与为特色的日本农村规划方法论研究 [J]. 城市规划，2010，267（2）：54-60.

[385] 胥明明. 沟通式规划在玉树地震灾后重建中的应用研究[D]. 北京：中国城市规划设计研究院，2012.

[386] 许世光. 村庄规划中公众参与的困境与出路[A]. 中国城市规划学会. 城市规划和科学发展——2009中国城市规划年会论文集，2009.

[387] 易鑫. 德国的乡村规划及其法规建设[J]. 国际城市规划，2010，25（2）：11-16.

[388] 于海漪. 达成一致：如同角色扮演和修修弄弄——迈向一种协作性规划理论[J]. 规划师，2000，16（2）：92-100.

[389] 俞孔坚，李迪华. 可持续景观[J]. 城市环境设计，2007（1）：7-12.

[390] 宇林军，潘影. 服务式2D、3D结合GIS的核心问题及其解决方案[J]. 地球信息科学学报，2011，13（1）：58-64.

[391] 宇林军，孙丹峰，李红. 基于紧密型二三维结合的GIS构架与系统实现[J]. 地理与地理信息科学，2009，25（5）：17-20.

[392] 宇振荣，谷卫彬. 江汉平原农业景观格局及生物多样性研究：以两个村为例[J]. 资源科学，2000，22（2）：19-23.

[393] 袁存忠，余丽钰. PPGIS 在地理信息变化监测中的应用研究[J]. 测绘与空间地理信息，2013（11）：34-37.

[394] 袁媛，蒋珊红，刘菁. 国外沟通和协作式规划近15年研究进展——基于Citespace Ⅲ软件的可视化分析[J]. 现代城市研究，2016（12）：42-50.

[395] 张凤荣. 多学科多尺度的村庄发展规划研究——《生态理念下的村庄发展与规划研究》书评[J]. 地理与地理信息科学，2018（1）：31-31.

[396] 张赫，崔雪，龚一丹，等. 城市边缘区公共设施规划公众参与路径探索——以北京宋庄镇小堡村艺术聚集区公共设施调查为证[C]// 中国城市规划年会. 2015.

[397] 张婧. 村庄规划渐进式村民参与体系和方法探索——以重庆市南川区美丽乡村建设为例[D]. 重庆：重庆大学，2015.

[398] 张磊. 理性主义与城市规划评估方法的演进分析[J]. 城市发展研究，2013，20（2）：12-17.

[399] 张立文，杨文挹. 沟通式规划在义乌社区提升规划中的实践[J]. 规划师，2017，33（8）：118-122.

[400] 张灵超. 历史乡村地理研究——徽州歙县丰南的个案[D]. 上海：复旦大学，2011.

[401] 张茜，刘文平，宇振荣. 乡村景观特征评估方法——以长沙市乔口镇为例[J]. 应用生态学报，2015，26（5）：1537-1547.

[402] 张庭伟. 从"向权力讲授真理"到"参与决策权力"：当前美国规划理论界的一个动向联络性[J]. 城市规划，1999（6）：33-36.

[403] 张庭伟. 规划理论作为一种制度创新——论规划理论的多向性和理论发展轨迹的非线性[J]. 城市规划，2006（8）：9-18.

[404] 张庭伟. 梳理城市规划理论——城市规划作为一级学科的理论问题[J]. 城市规划，2012（4）：9-17.

[405] 张晓苪，孙晓敏，刘珺. 面向开发实施的协商式规划探索——

以上海九星市场更新改造为例[J]. 城市规划学刊，2017（z2）：211-215.

[406] 张晓彤，段进明，宇林军，等. 基于三维电子沙盘的参与式乡村历史景观评估：以贵州省对门山村为例[J]. 中国生态农业学报，2017，25（10）：1403-1412.

[407] 张晓彤，李良涛，王晓军，等. 基于主观偏好和景观空间指标的农业景观特征偏好模型：以北京市11个农业景观特征区域为例[J]. 中国生态农业学报，2010，18（1）：180-184.

[408] 张晓彤，王晓军，李良涛，等. 基于参与式评估技术的景观特征评估——以北京市延庆县千家店镇为例[J]. 现代城市研究，2017（8）：15-24.

[409] 张晓彤，宇林军，何炬. 参与式三维电子沙盘技术在村镇规划设计中的应用[J]. 城乡建设，2018（9）：64-67.

[410] 张晓彤，宇振荣，王晓军. 京承高速公路沿线农民对多功能农业不同需求的研究[J]. 中国生态农业学报，2009，17（4）：782-788.

[411] 张晓彤，宇振荣，王晓军，等. 场景可视化在乡村景观评价中的应用[J]. 生态学报，2010，30（7）：1699-1705.

[412] 张晓彤. 主客观结合的多功能农业景观评价研究[D]. 北京：中国农业大学，2010.

[413] 张莹萍. 上海市城市规划管理中的公众参与研究[D]. 上海：同济大学，2007.

[414] 章征涛，宋彦，阿纳博·查克拉博蒂. 公众参与式情景规划的组织和实践——基于美国公众参与规划的经验及对我国规划参与的启示[J]. 国际城市规划，2015（5）：47-51.

[415] 郑起焕. 农村发展的新途径：韩国新村运动实例研究[A]. 中国新农村建设：乡村治理与乡镇政府改革，2006：282-293.

[416] 周洋. 基于逻辑框架分析的村庄规划方法研究[D]. 太原：山西大学，2015.

图表清单

基于景观媒介的交互式乡村规划方法及其实证研究

附录 1 乡村景观类型划分

乡村景观类型划分表

平台分类	序号	地物要素	GB 50188—2007		GB/T 21010—2007		生态服务价值
建筑	1	1-3层城镇居住建筑	一类居住用地	R1	城镇住宅用地	071	建设用地	C
建筑	2	4层及4层以上城镇居住建筑	二类居住用地	R2	城镇住宅用地	071	建设用地	C
建筑	3	1-3层农村居住建筑	一类居住用地	R1	农村宅基地	072	建设用地	C
建筑	4	4层及4层以上农村居住建筑	二类居住用地	R2	农村宅基地	072	建设用地	C
建筑	5	镇政府	行政管理用地	C1	机关团体用地	081	建设用地	C
建筑	6	村委会	行政管理用地	C1	机关团体用地	081	建设用地	C
建筑	7	合作社	行政管理用地	C1	机关团体用地	081	建设用地	C
建筑	8	托儿所	教育机构用地	C2	科教用地	083	建设用地	C
建筑	9	幼儿园	教育机构用地	C2	科教用地	083	建设用地	C
建筑	10	小学	教育机构用地	C2	科教用地	083	建设用地	C
建筑	11	中学	教育机构用地	C2	科教用地	083	建设用地	C
建筑	12	专科院校	教育机构用地	C2	科教用地	083	建设用地	C
建筑	13	成人教育机构	教育机构用地	C2	科教用地	083	建设用地	C

续表

平台分类	序号	地物要素	GB 50188—2007		GB/T 21010—2007		生态服务价值
建筑	14	培训机构	教育机构用地	C2	科教用地	083	建设用地	C
建筑	15	文化馆	文体科技用地	C3	文体娱乐用地	085	建设用地	C
建筑	16	体育馆	文体科技用地	C3	文体娱乐用地	085	建设用地	C
建筑	17	体育场	文体科技用地	C3	文体娱乐用地	085	建设用地	C
建筑	18	图书馆	文体科技用地	C3	文体娱乐用地	085	建设用地	C
建筑	19	科技馆	文体科技用地	C3	文体娱乐用地	085	建设用地	C
建筑	20	展览馆	文体科技用地	C3	文体娱乐用地	085	建设用地	C
建筑	21	纪念馆	文体科技用地	C3	文体娱乐用地	085	建设用地	C
建筑	22	影剧院	文体科技用地	C3	文体娱乐用地	085	建设用地	C
建筑	23	文物保护单位	文体科技用地	C3	文体娱乐用地	085	建设用地	C
建筑	24	佛寺	文体科技用地	C3	宗教用地	094	建设用地	C
建筑	25	清真寺	文体科技用地	C3	宗教用地	094	建设用地	C
建筑	26	教堂	文体科技用地	C3	宗教用地	094	建设用地	C
建筑	27	道观	文体科技用地	C3	宗教用地	094	建设用地	C
建筑	28	医院	医疗保健用地	C4	医卫慈善用地	084	建设用地	C
建筑	29	防疫站	医疗保健用地	C4	医卫慈善用地	084	建设用地	C
建筑	30	医务所	医疗保健用地	C4	医卫慈善用地	084	建设用地	C
建筑	31	保健站	医疗保健用地	C4	医卫慈善用地	084	建设用地	C

续表

平台分类	序号	地物要素	GB 50188—2007		GB/T 21010—2007		生态服务价值
建筑	32	疗养所	医疗保健用地	C4	医卫慈善用地	084	建设用地	C
建筑	33	养老院	医疗保健用地	C4	医卫慈善用地	084	建设用地	C
建筑	34	百货店	商业金融用地	C5	批发零售用地	051	建设用地	C
建筑	35	食品店	商业金融用地	C5	批发零售用地	051	建设用地	C
建筑	36	超市	商业金融用地	C5	批发零售用地	051	建设用地	C
建筑	37	书店	商业金融用地	C5	批发零售用地	051	建设用地	C
建筑	38	宾馆	商业金融用地	C5	住宿餐饮用地	052	建设用地	C
建筑	39	酒店	商业金融用地	C5	住宿餐饮用地	052	建设用地	C
建筑	40	饭店	商业金融用地	C5	住宿餐饮用地	052	建设用地	C
建筑	41	旅店	商业金融用地	C5	住宿餐饮用地	052	建设用地	C
建筑	42	餐厅	商业金融用地	C5	住宿餐饮用地	052	建设用地	C
建筑	43	浴室	商业金融用地	C5	住宿餐饮用地	052	建设用地	C
建筑	44	商业办公用房	商业金融用地	C5	商务金融用地	053	建设用地	C
建筑	45	银行	商业金融用地	C5	商务金融用地	053	建设用地	C
建筑	46	信用社	商业金融用地	C5	商务金融用地	053	建设用地	C
建筑	47	百货市场	集贸市场用地	C6	批发零售用地	051	建设用地	C
建筑	48	农贸市场	集贸市场用地	C6	批发零售用地	051	建设用地	C
建筑	49	其他专业市场	集贸市场用地	C6	批发零售用地	051	建设用地	C

续表

平台分类	序号	地物要素	GB 50188—2007		GB/T 21010—2007		生态服务价值
建筑	50	制衣工业	一类工业用地	M1	工业用地	061	建设用地	C
建筑	51	工业品作坊	一类工业用地	M1	工业用地	061	建设用地	C
建筑	52	纺织工业	二类工业用地	M2	工业用地	061	建设用地	C
建筑	53	食品工业	二类工业用地	M2	工业用地	061	建设用地	C
建筑	54	机械工业	二类工业用地	M2	工业用地	061	建设用地	C
建筑	55	采矿业	三类工业用地	M3	采矿广用地	062	建设用地	C
建筑	56	冶金工业	三类工业用地	M3	工业用地	061	建设用地	C
建筑	57	建材业	三类工业用地	M3	工业用地	061	建设用地	C
建筑	58	造纸业	三类工业用地	M3	工业用地	061	建设用地	C
建筑	59	制革业	三类工业用地	M3	工业用地	061	建设用地	C
建筑	60	化工业	三类工业用地	M3	工业用地	061	建设用地	C
建筑	61	农产品加工业	农业服务设施	M4	工业用地	061	建设用地	C
建筑	62	存放一般物品的仓储	普通仓储用地	W1	仓储用地	063	建设用地	C
建筑	63	存放危险物品的仓储	危险品仓储用地	W2	仓储用地	063	建设用地	C
道路	64	铁路	公路交通用地	T1	铁路用地	101	建设用地	C
道路	65	高速路	公路交通用地	T1	公路用地	102	建设用地	C
道路	66	一级路	公路交通用地	T1	公路用地	102	建设用地	C
道路	67	二级路	公路交通用地	T1	公路用地	102	建设用地	C

续表

平台分类	序号	地物要素	GB 50188—2007		GB/T 21010—2007		生态服务价值
道路	68	三级路	公路交通用地	T1	公路用地	102	建设用地	C
道路	69	四级路	公路交通用地	T1	公路用地	102	建设用地	C
建筑	70	车站	其他交通用地	T2	公路用地	102	建设用地	C
建筑	71	码头	其他交通用地	T2	码头港口用地	106	建设用地	C
道路	72	主干路	道路用地	S1	街巷用地	103	建设用地	C
道路	73	干路	道路用地	S1	街巷用地	103	建设用地	C
道路	74	支路	道路用地	S1	街巷用地	103	建设用地	C
道路	75	巷路	道路用地	S1	街巷用地	103	建设用地	C
道路	76	宅间路	无面积意义	切割辅助线	农村道路	104	建设用地	C
道路	77	田间路	无面积意义	切割辅助线	农村道路	104	建设用地	C
建筑	78	公共活动广场	广场用地	S2	文体娱乐用地	085	建设用地	C
建筑	79	公共停车场	广场用地	S2	街巷用地	103	建设用地	C
建筑	80	给水站	公用工程用地	U1	公共设施用地	086	建设用地	C
建筑	81	污水处理站	公用工程用地	U1	公共设施用地	086	建设用地	C
建筑	82	供电站	公用工程用地	U1	公共设施用地	086	建设用地	C
建筑	83	邮政所	公用工程用地	U1	公共设施用地	086	建设用地	C
建筑	84	通信站	公用工程用地	U1	公共设施用地	086	建设用地	C
建筑	85	燃气站	公用工程用地	U1	公共设施用地	086	建设用地	C

平台分类	序号	地物要素	GB 50188—2007		GB/T 21010—2007		生态服务价值
建筑	86	集中供热站	公用工程用地	U1	公共设施用地	086	建设用地	C
建筑	87	交通管理部门	公用工程用地	U1	公共设施用地	086	建设用地	C
建筑	88	加油站	公用工程用地	U1	批发零售用地	051	建设用地	C
建筑	89	汽车维修站	公用工程用地	U1	其他商服用地	054	建设用地	C
建筑	90	殡仪馆	公用工程用地	U1	殡葬用地	095	建设用地	C
建筑	91	公厕	环卫设施用地	U2	公共设施用地	086	建设用地	C
建筑	92	垃圾站	环卫设施用地	U2	公共设施用地	086	建设用地	C
建筑	93	环卫站	环卫设施用地	U2	公共设施用地	086	建设用地	C
建筑	94	粪便处理站	环卫设施用地	U2	公共设施用地	086	建设用地	C
建筑	95	生活垃圾处理站	环卫设施用地	U2	公共设施用地	086	建设用地	C
建筑	96	消防站	防灾设施用地	U3	公共设施用地	086	建设用地	C
建筑	97	防洪设施	防灾设施用地	U3	公共设施用地	086	建设用地	C
建筑	98	防风设施	防灾设施用地	U3	公共设施用地	086	建设用地	C
环境	99	公共绿地	公共绿地	G1	公园与绿地	087	草地	G
环境	100	防护绿地	防护绿地	G2	公园与绿地	087	林地	FO
环境	101	河流	水域	E1	河流水面	111	水体	WA
环境	102	湖泊	水域	E1	湖泊水面	112	水体	WA
环境	103	水库	水域	E1	水库水面	113	水体	WA

基于景观媒介的交互式乡村规划方法及其实证研究

续表

平台分类	序号	地物要素	GB 50188—2007		GB/T 21010—2007		生态服务价值	
环境	104	池塘	水域	E1	坑塘水面	114	水体	WA
环境	105	滩涂	水域	E1	内陆滩涂	116	湿地	WE
环境	106	水田	农林用地	E2	水田	011	湿地	WE
环境	107	水浇地	农林用地	E2	水浇地	012	农田	FA
环境	108	菜地	农林用地	E2	水浇地	012	农田	FA
环境	109	旱地	农林用地	E2	旱地	013	农田	FA
环境	110	设施农用地	农林用地	E2	设施农业用地	122	建设用地	C
环境	111	果园	农林用地	E2	果园	021	农田	FA
环境	112	茶园	农林用地	E2	茶园	022	农田	FA
环境	113	经济园	农林用地	E2	其他园地	023	农田	FA
环境	114	有林地	农林用地	E2	有林地	031	森林	FO
环境	115	灌木林地	农林用地	E2	灌木林地	032	森林	FO
环境	116	疏林地	农林用地	E2	疏林地	033	森林	FO
环境	117	未成林地	农林用地	E2	疏林地	033	森林	FO
环境	118	苗圃	农林用地	E2	疏林地	033	森林	FO
环境	119	天然牧草地	牧草和养殖用地	E3	天然牧草地	041	草地	G
环境	120	人工牧草地	牧草和养殖用地	E3	人工牧草地	042	草地	G
环境	121	其他草用地	牧草和养殖用地	E3	其他草地	043	草地	G

基于媒介式互交观观的乡村规划方法及其实证研究

平台分类	序号	地物要素	GB 50188—2007		GB/T 21010—2007		生态服务价值	
建筑	122	墓地	墓地	E5	殡葬用地	095	荒漠	DE
环境	123	沼泽地	未利用地	E6	沼泽地	125	湿地	WE
环境	124	裸岩	未利用地	E6	裸地	127	荒漠	DE
环境	125	陡坡地	未利用地	E6	裸地	127	荒漠	DE
环境	126	沙荒地	未利用地	E6	沙地	126	荒漠	DE
环境	127	军事用地	特殊用地	E7	军事设施用地	091	建设用地	C
建筑	128	篱笆	无面积意义	无面积意义	无面积意义	无面积意义	无面积意义	无面积意义
建筑	129	院墙	无面积意义	无面积意义	无面积意义	无面积意义	无面积意义	无面积意义
建筑	130	栅栏	无面积意义	无面积意义	无面积意义	无面积意义	无面积意义	无面积意义
建筑	131	景观乔木	无面积意义	无面积意义	无面积意义	无面积意义	无面积意义	无面积意义
建筑	132	景观灌木	无面积意义	无面积意义	无面积意义	无面积意义	无面积意义	无面积意义
建筑	133	景观水生植物	无面积意义	无面积意义	无面积意义	无面积意义	无面积意义	无面积意义
建筑	134	牌坊/门楼	无面积意义	无面积意义	无面积意义	无面积意义	无面积意义	无面积意义
建筑	135	广告宣传	无面积意义	无面积意义	无面积意义	无面积意义	无面积意义	无面积意义

附录2　文中使用景观格局指数算法及意义

1.香农多样性指数（SHDI）——Shannon's Diversity Index

生态学意义：SHDI是一种基于信息理论的测量指数，在生态学中应用很广泛。该指标能反映景观异质性，特别对景观中各拼块类型非均衡分布状况较为敏感，即强调稀有拼块类型对信息的贡献，这也是与其他多样性指数的不同之处。在比较和分析不同景观或同一景观不同时期的多样性与异质性变化时，SHDI也是一个敏感指标。如在一个景观系统中，土地利用越丰富，破碎化程度越高，其不定性的信息含量也越大，计算出的SHDI值也就越高。景观生态学中的多样性与生态学中的物种多样性有紧密的联系，但并不是简单的正比关系，研究发现在一景观中二者的关系一般呈正态分布。见公式1。

$$\text{SHDI} = -\sum_{i=1}^{m}\left(P_i^e \ln P_i\right) \qquad （公式1）$$

输入：

P_i：i斑块类型所占全部景观的比例；

m：斑块的种类，从1-m。

输出：值域限制≥0。

公式描述：SHDI在景观级别上等于各斑块类型的面积比乘以其值的自然对数之后的和的负值。SHDI=0表明整个景观仅由一个拼块组成；SHDI增大，说明拼块类型增加或各拼块类型在景观中呈均衡化趋势分布。

2.香农均匀度指数（SHEI）——Shannon's Evenness Index

生态学意义：表示景观类型分布的均匀程度，SHEI值较小时优势度一般较高，可以反映出景观受到一种或少数几种优势拼块类型的支配；SHEI趋近1时优势度低，说明景观中没有明显的优势类型且各拼块类型在景观中均匀分布。见公式2。

$$SHEI = \frac{-\sum_{i=1}^{m} \left(P_i^e \ln P_i \right)}{\ln m} \qquad （公式2）$$

输入：

P_i：i斑块类型所占全部景观的比例；

m：斑块的种类，从$1-m$。

输出：$0 \leqslant SHEI \leqslant 1$。

3.蔓延度（CONTAG）——CONTAG

生态学意义：表示景观里不同拼块类型的团聚程度或延展趋势，一般来说，高蔓延度值说明景观中的某种优势拼块类型形成了良好的连接性；反之则表明景观是具有多种要素的密集格局，景观的破碎化程度较高。见公式3。

$$CONTAG = \left[1 + \frac{\sum_{i=1}^{m} \sum_{k=1}^{m} \left[P_i \cdot \frac{g_{ik}}{\sum_{k=1}^{m} g_{ik}} \right] \cdot \left[\ln \left(P_i \cdot \frac{g_{ik}}{\sum_{k=1}^{m} g_{ik}} \right) \right]}{2\ln(m)} \right] (100) \qquad （公式3）$$

输入：

P_i：i斑块类型所占全部景观的比例；

g_{ik}：以double-counet方法为基础的斑块类型i和k的像素之间的连接数；

m：景观区域内呈现斑块类型的数量，包括景观边界。

输出：$0 < \mathrm{CONTAG} \leqslant 100$。

当斑块类型最大化地进行分解且每对邻近部分相等的情况下则CONTAG接近0；

当斑块类型最大化地进行聚合是 CONTAG＝100。CONTAG没有定义"N/A"值。

4.斑块富有度（PR）——Patch Richness

生态学意义：斑块丰富程度，是最简单的景观组成部分，但是不反映相关边界的斑块类型。这个指标相对斑块丰富密度和相关斑块密度是多余的。见公式4。

$$\mathrm{PR} = m \qquad\qquad （公式4）$$

输入：

m：在景观边界内斑块的类型数量，不包括景观边界。

输出：

$\mathrm{PR} \gg 1$。

5.景观形状指数（LSI）——Landscape Shape Index

生态学意义：景观形状指数提供一种标准的为景观区域大小测量总边界密度的方法。标准量化为相对于总边界的数值提供了直接转义，例如，这是对于景观区域大小唯一有意义的相对值。见公式5。

$$\mathrm{LSI} = \frac{25\sum_{k=1}^{m}\left(e_{ik}^{*}\right)}{\sqrt{A}} \qquad\qquad （公式5）$$

输入：

e_{ik}：景观类型中斑块类型i和k之间的边界的总长度，包括所有的景观边界和一些背景边界部分包括斑块i类；

A：景观总面积。

输出：

PR $\gg 1$。当景观中只要一个正方形斑块时，其值为1；当景观中斑块形状越偏离正方形时，其值越大。

6. 斑块密度（PD）—— Patch Density

生态学意义：反映土地利用景观斑块空间分布的均匀程度。见公式6。

$$PD = \frac{n_i}{A}(10000)(100) \qquad （公式6）$$

输入：

n_i：景观中第n类斑块的斑块数量；

A：全部景观尺度的面积（平方米），注意，景观面积包括任何内部背景呈现。

输出：PD>0，取决于斑块的单元的大小。它与光栅图的最大值密切相关。

计量单位：每100公顷的数值。

7. 连续性指数（CONNECT）—— Connectance Index

生态学意义：连续性是由同一类型的斑块连接性的连接数量来表现，每一对斑块是否连接由用户定义的标准距离决定。决定连接性的距离可以为欧几里得的距离或者方程式距离。连续性是以百分比的方式表达的，见公式7。

$$CONNECT = \left[\frac{\sum_{j \neq k}^{n} c_{ijk}}{\frac{n_i(n_i - 1)}{2}} \right](100) \qquad （公式7）$$

输入：

c_{ijk}：此类型i的时，基于用户定义限制距离的类型j和k的连接（$c_{ijk}=0$如果斑块j和k不在指定的距离内；$c_{ijk}=1$如果斑块j和k在指定的距离内）

n_i：景观区域中此斑块类型的斑块数目。

输出：$0 \leqslant CONNECT \leqslant 100$

连接性为0，表示景观区域内包括单个斑块，或者所有类型包括单个斑块，或者在景观区域内没有任何斑块是连接的。连续性为100%表示景观区域内的所有斑块是连接的。

计量单位：百分数。

8. 改进的辛普森多样性指数（MSIDI）——Modified Simpson's Diversity Index

生态学意义：是另一种表达景观类型的多样性的指数，使用了ln指数函数对辛普森多样性指数进行改进。该指数受稀有物种影响较小，而普遍物种影响较大。见公式8。

$$MSIDI = -\ln \sum_{i=1}^{m} P_i^2 \qquad （公式8）$$

输入：

P_i：i斑块类型所占全部景观的比例；注意P_i是基于景观总面积，不包括任何内部背景呈现。

输出：

MSIDI $\geqslant 0$，无限制；

MSIDI$=0$时景观区域包括1个斑块（无多样性）。MSIDI随着不同类型斑块的数量增加（例如斑块富有性）而增加，并且斑块类型在区域中的分布比例变得更公平。

计量单位：无。

附录3 文中使用的生态服务价值量表

生态服务价值量表（元/公顷）

	森林	草地	农田	湿地	水体	荒漠	建设用地
2003年版							
气体调节	3097.0	707.9	442.4	1592.7	0.0	0.0	0.0
气候调节	2389.1	796.4	787.5	15130.9	407.0	0.0	0.0
水源涵养	2831.5	707.9	530.9	13715.2	18033.2	26.5	0.0
土壤形成与保护	3450.9	1725.5	1291.9	1513.1	8.8	17.7	0.0
废物处理	1159.2	1159.2	1451.2	16086.6	16086.6	8.8	0.0
生物多样性保护	2884.6	964.5	628.2	2212.2	2203.3	300.8	0.0
食物生产	88.5	265.5	884.9	265.5	88.5	8.8	0.0
原材料	2300.6	44.2	88.5	61.9	8.8	0.0	0.0
娱乐文化	1132.6	35.4	8.8	4910.9	3840.2	8.8	0.0
	森林	草地	农田	湿地	水体	荒漠	建设用地
2014年修正版							
气体调节	4283.2	979.0	611.8	2202.7	0.0	0.0	0.0
气候调节	3304.1	1101.4	1089.1	20926.0	562.9	0.0	0.0
水源涵养	3916.0	979.0	734.2	18968.1	24939.9	36.6	0.0
土壤形成与保护	4772.6	2386.4	1786.7	2092.6	12.2	24.5	0.0
废物处理	1603.2	1603.2	2007.0	22247.8	22247.8	12.2	0.0
生物多样性保护	3989.4	1333.9	868.8	3059.5	3047.2	416.0	0.0
食物生产	122.4	367.2	1223.8	367.2	122.4	12.2	0.0
原材料	3181.7	61.1	122.4	85.6	12.2	0.0	0.0
娱乐文化	1566.4	49.0	12.2	6791.8	5311.0	12.2	0.0

附录4 文中使用空间句法分析的原理及方法

空间句法分析的原理及方法

指数（Index）	示意（Motion）	意义（Singnificance）
连接度 Connectivity	 基于 SegmentMap 的 T1024 Integration	连接值描述的是空间的可渗透性，空间的连接值越高，表明该空间的渗透性越好
控制值 Control	 基于 SegmentMap 的 T1024 Integration	控制值表征一个空间对与之相交的空间的控制程度，反映一个空间对其周围空间的影响程度
深度值 Integration	 基于 SegmentMap 的 T1024 Integration	深度值描述的是整个系统拓扑意义上的可达性，深度值越大，空间可达性越低

指数（Index）	示意（Motion）	意义（Singnificance）
整体整合度 Integration	基于 SegmentMap 的 T1024 Integration	整合度描述的是某个空间对于整个空间系统的关系紧密程度，空间的整合度越高，表明该空间的可达性越好，控制性越强。整合度大于1时，空间对象的聚集性比较强；整合度小于0.4时，空间对象的分布比较分散
可理解度 Intelligibility		通过智能值了解空间中的局部空间结构，是否有助于建立整个空间的图景，是否能对看不到的整个空间系统提供引导。R2 介于 0～0.5 之间表示系统可理解性差，R2 介于 0.5～0.7 之间表示系统具有良好的可理解性，R2 介于 0.7～1.0 之间表示系统具有极强的可理解性

基于景观媒介的交互式乡村规划方法及其实证研究